Leopold Schefer's
ausgewählte Werke.

Zehnter Theil.

Gedichte.

Neue Ausgabe.

Berlin.
Verlag von Veit und Comp.
1857.

Für Liebende.

Tage der Jugend.

Selige Tage,
Tage der Jugend!
O das Entzücken
Sinn' ich nicht aus.

Augen der Blumen,
Augen der Liebe,
Himmel und Sonne
Lächeln mich an!

Tausend Geschlechte
Schlummern verwandelt,
Heilige Wärme
Trägt mir den Geist.

Bald ist es Frühling,
Bald ist es Morgen,
Abend und Vollmond,
Nacht und gestirnt!

4

Jetzo erscheinen
Rosen im Thale,
Lerchen in Wolken,
Wolken in Glanz.

Nun ist die Kirsche,
Nun ist der Apfel!
Nein, hier die Traube!
Nein doch — die Nuß!

Nun ist die Schwalbe
Da! nun verschwunden!
Jetzo die Garbe,
Jetzo der Schnee.

Bald ist das Junge
Alt und vergangen,
Bald ist das Alte
Neu wie zuvor.

Mir in dem Busen
Wankt nicht die Wonne!
Schaue die Wechsel
Dauernd im Geist!

Selige Tage,
Tage der Jugend!
O das Entzücken
Sinn' ich nicht aus!

5

Frühlingsahnung.

Ihr Stimmen vom Himmel,
Wo grüßt ihr mich her?
Was soll es hier werden?
Erkenn' ich es mehr!

O Wunder, hier regt sich
Mit Flügeln der Staub!
Hier lodert es hellgrün
Und glänzet als Laub!

Erst kniet' ich und weint' ich
Zum Glöckchen im Schnee,
Zum Krokus im Schleier,
Und lief, was gescheh'?

Nun drängen zu viele!
Wo schau' ich erst hin?
In Wonne vergeht mir
Ganz Auge und Sinn.

Der Schnee von den Bergen
Wird Schmelz und wird Duft.
Wie's zittert, wie's säuselt,
Wie's rauschet, und ruft!

6

Wie schleicht mir's im Busen
So schwach und so weich!
Ich seufze, ich lächle
Und weine zugleich.

O Frühling und Liebe,
Wie seid ihr verwandt,
Nur halb ohn' einander,
Nur Eines gekannt.

Wie sprengenden Knospen
So schwillt mir die Brust!
Von ewiger Liebe,
So ahn' ich die Lust!

Frühlings Willkommen.

Immer komme, Frühlingswind,
Neue Sonne, scheine lind,
Wachse grünend, reger Staub,
Ueberblüh' das alte Laub!
Einmal ist's ja fortgegangen,
Was so schön, so selig war;
Nun was soll'n die öden Stangen?
Soll ich trauern immerdar?
Fort, Erinnerung, von hier!
Bist Du mehr als nur ein Traum?
Altes kommt nicht mehr zu mir —
Schöne Gegenwart, nimm Raum!

Des Liebenden Morgen

O Himmel droben!
O Erde drunten,
In Schmelz und Grünem,
In Frühlingspracht!
Euch Rosenstreifen
Ließ sanft so ruhen
Zum Kranz der Hügel
Die Zaubernacht!

Süß saugen nieder
Der Fichten Wipfel
Goldwolken-Nahrung
Weitfruchtend nah;
Horch! Nachtigallen
Im Grün verborgen,
O seid willkommen!
O seid ihr da!

Indeß Du schlummerst,
Geliebtes Mädchen,
Wie schmückt der Frühling
Dir Beet und Strauch!
Hier schwellen Knospen
Und splittern glänzend,
Die er berühret
Mit Liebeshauch.

9

Er pflanzte nächtlich
Bei Mondes-Leuchten
Dir Hyacinthen
Und Krokus an! —
Dort schwebt im Blauen
Des blassen Mondes
Nun umgestürzter,
Verlaßner Kahn!

Ach, Dein gedenkend
Pflück' ich Dir Veilchen
Aus diesen Auen
Um Dich bethaut!
Und Deine Liebe
Erräth den Liebsten,
Wenn sie erwachend
Dein Auge schaut.

O Himmel droben!
O Erde drunten,
Wie segnest, Frühling,
Du uns mit Glück!
Was ich am Morgen
Für sie empfunden,
Belohnt am Abend
Mir reich ihr Blick!

Frühlingslied.

Welch glänzender Himmel,
So rein und so blau!
Welch andere Erde,
Umsäuselt so lau!

Weiß stehen dort Geister
Auf blaßgrüner Höh!
Horch, singende Bäume!
Horch, summender Klee!

Rings goldene Flämmchen,
Die brennen und wehn!
Sind's leuchtende Blumen?
Mich blendet's zu sehn.

Welch himmlischer Wechsel!
Wär's Traum nur, wär's Wahn?
O greif in die Blüthen,
Und glaube daran!

Wer dräng' in die Kelche
Wie Bienen so tief!
Wer Nachts mit dem Wurme
In Lilien schlief!

O wer auf der Wolke,
Die Lande durchzög'!
Du schwebender Adler,
Wer droben da flög'!

11

O Hügel, o Sonne,
O Taumel, o Schmerz!
Wie drück' ich das Alles
Mit Einem an's Herz? —

Ach singt nicht die Liebste
Dort seelenfroh her,
Und suchet nach Veilchen?
Die lieb' ich so sehr.

Wohl schön ist des Himmels,
Der Erde Gesicht —
Doch schön wie der Liebsten,
Ach, ist es doch nicht!

Wohl schön sind die Sterne
In dämmernden Höh'n —
Doch erst in die Augen
Der Treuen zu sehn!

Sind fern doch die Hügel
Ein Bild nur! und klein —
Wie quillet ihr Busen
So herb und so rein!

Und wo erst die Seele,
Die Liebe — wo nur?
— Du bist mir die Nahe,
Die Göttin Natur!

Lied des Schmachtenden.

Welche Liebe ich verhehle,
Welche Sehnsucht in mir schlägt,
Ahnet keine gute Seele,
Die es doch wohl sonst bewegt!

Von zu starker Gluth gefüllet
Stottert meine Zunge kaum —
Wie die Rede jenen quillet
Nehmen sie den besten Raum.

Lang getäuscht, und oft getrogen
Wechsl' ich nicht mehr meinen Platz;
In mich selbst zurückgezogen
Hehl' ich kostbar einen Schatz.

Hoffnung.

Ach, wende dich, Hoffnung,
Laß mich meiner Noth,
Denn ohne dich, Hoffnung,
Wär' ich ja lange todt.
Und will ich schon sterben —
Senkst du dich hernieder
Auf Rosengewölken,
Da leb' und leid' ich wieder!
Ach, wende dich, Hoffnung,
Laß mich meiner Noth,
Denn ohne dich, Hoffnung,
Fühl' ich schon den Tod!

14

Erste Liebe.

Lebet nun wohl
Auf immer, lebt wohl,
Ihr alten gleichen
Ruhigen Tage
Ohne Freud' und Leid —
Ohne Liebe!

Aber was warst du auch
Goldenste Ruhe
Gegen die Wonne,
Die mich kaum athmen läßt!
Wie jetzt sie glänzen
Die sonst kaum beachteten
Leeren Stellen,
Vom Glück mir geweiht!

Füllt mir die Liebe
Nun ja die Brust;
Und an dem Tag,
Wo die mir sich wendet,
Ohne die ich, ach,
Nun nicht mehr leben kann,
An dem find ich', sterbend,
Verlorene Ruh,
Deine himmlische Schwester!

Heimath der Liebe.

O Liebe, Liebe! Wo bist du her?
Ich frage die Nacht, und die Erd' und das Meer —
Sie schweigen! — und ach, ich weiß es ja nicht allein!
Doch nach der Hoffnung, die du mich lehrst,
Und nach dem Himmel, den du mir gewährst,
Mußt du aus dem Lande der Hoffnung: vom Himmel sein!

Rosenart.

In der Liebe frühen Tagen
Bist du mir so karg, so spröde,
Die so vieles giebt zu ahnen!
So wie sich der Strauch der Rosen
Durch des Frühlings erstes Schwellen
Nur mit zarten Dornen röthet —
Bald auf seinen grünen Armen
Wiegt er sanft verhüllte Knospen,
Und besiegt von niebesiegter
Himmelshuld, von Thau und Sonne,
Trägt er dir auch seine Rosen.

Leben des Lebens.

Leben des Lebens
Ist Jugend allein,
Laßt uns vergebens
Nicht jugendlich sein.
Blüthe der Jugend
Ist Liebe allein,
Laßt uns die Jugend
Der Liebe weihn!

Warum so besonnen?
Das Leben vergeht,
Eh' recht ihr begonnen,
Ist Jugend verweht!
Und ist sie verronnen,
Dann ist es zu spät!
Wer hat noch die Sonnen
Zurücke gedreht?

Ach! in dem Alter
Versieget der Quell,
Dann scheinet die Sonne
Nicht warm und nicht hell! —
Wie schön ist die Jugend,
Wie feurig und roth!
Dann für das Alter
Ist nur der Tod.

Leben des Lebens
Ist Jugend allein,
Laßt uns vergebens
Nicht jugendlich sein!
Blüthe der Jugend
Ist Liebe allein,
Laßt uns die Jugend
Der Liebe weihn!

Nahen.

Wie ein Heil'genbild in seinem Frieden,
So bezaubernd, ach, und so geschieden,
So unnahbar= nahe warst du mir,
O wie schaudert', bebt' und strebt' ich dir!

Wie doch stiegst du von den Sonnenhügeln?
Was doch hob mich zu dir wie mit Flügeln?
Lag's nicht zwischen uns wie Felsenkluft,
Wie ein Meer, worüber niemand ruft?

Denn seit jenem zarten Lockenstreifen
Und dem raschen himmlischen Ergreifen
Halt' ich dich gebannt wie einen Geist,
Der mir nun ein ewig Glück verheißt!

Nahrung des Herzens.

Wie war es nur ein kleines Wort,
Das sie mir sagte!
Wie war es nur ein Silberblick,
Den sie mir tagte!
Und selig leb' ich lange Zeiten
Schon von dem Worte nur, dem Blick!

So bringt Ein Stern die Sternennacht,
Ein Lerchenschwirren
Verheißt des ganzen Frühlings Pracht!
So wird einst droben
Ein Wink die Seligkeit bedeuten,
Ein ganz unnennbar ew'ges Glück.

Die Freundin Amor's.

O, wie möcht' ich so gern es ihr sagen,
Was ich ihr fühle im Busen mir schlagen!
Ach, und wie feurig möcht' ich sie fassen,
Sie wonnig umschlingen, und gar nicht lassen!
Wo ist denn die alte, die selige Welt,
Wo das, was sich liebt, sich in Freiheit gesellt? —

Sieh! Ewig heim führen die Musen uns wieder
In's Urreich des Schönen, der Fabeln und Lieder!
Und walten sie herrschend, erschallen die Töne,
Da faſſ' ich dich arglos, erröthende Schöne!
Mit göttlicher Kühne, was hegt mein Gemüth,
Das singt dir die Muse verständlich im Lied.

Erwachen im Mai.

Erste Sonne im Mai,
Wie eine goldne Spinne
Spannst du dich flimmernd im Eck.
Sichtbar-wachsend umwebst
Mit dem Morgenstrahlengespinnst
Du wonnig mir Aug' und Brust:
Du befühlest leis, wie die Schnecke
Mit langem Auge, die Zither,
Die dem Glück meiner Jugend
Melodieen rauscht;
Du schattest mit Rosenschatten
Mir hin auf die leuchtende Wand
Durch die hellen Scheiben,
Die brechenden Hyazinthen,
Nicht umsonst so gepflegt;
Du hörest die Nachtigall,
Unter deren Schlag
Ich gestern im Glanz des Mondes
In sanftquellenden Thränen entschlief,
Du trinkst du Selige auch
Wie der Morgenblume Duft
Meiner ersten Geliebten
Heiligen Morgengesang.

Die Krone der Liebe.

O Mond und Gestirne,
Ihr ewigen hohen,
Ihr Wolken, ihr Reigen
Des Himmels, ihr Klippen,
Euch nehm' ich zu Zeugen
Mit schluchzendem Herzen —
Hier lieg' ich entflohen
Dem Lächeln, den Lippen,
Der tödtenden Liebe!
O selig Geschick,
Nun mein ist das Glück!

O Vater der Liebe,
Allvater dort oben,
O sende von droben
Beschwichtigend Schmerzen
Mir ab und Gefahr!
— O Worte, o Blick! —
O flieh vor dem Glück,
O flieh vor den Freuden
Nicht länger zurück!

Und kannst Du sie meiden? —
So drücke die hohe,
Die himmlische frohe,
Die Krone der Liebe
Dir gläubig in's Haar!

Glück der Beschränkung.

Wenn ich mit vergnügten Sinnen
Nachts zu meiner Liebsten wandle,
Und der Vollmond, wie ein Feuer,
Eben sich dem Wald entschwungen,
Steh' ich, in die Pracht versunken,
Sprech' ich ernst zu meinem Geiste:
Ach, was ist doch all' dein Leben,
Gegen jenes Wunderleben!
Doch mein sel'ger Geist erwiedert:
Möchtest du dort oben steuern,
Selbst dir nutzlos, ewig glänzend,
Und hier dieses liebe Wesen
Nicht dies holde Mädchen kennen?
Alles was du sterblich liebest:
Stadt und Menschen, Freund und Blumen,
Sterblich alles, und doch selig!
Du nur lebst das wahre Leben.
Und dann öffn' ich still die Thüre,
Die Geliebte, meiner harrend,
Drin im Dunkeln zu beschleichen;
Doch das lose liebe Mädchen
Spielt den Geist auf leisen Socken,
Und bald hier, bald da im Zimmer
Hör' ich Geistesseufzen: ach! — ach! —
Such' ich mir den Geist zu fangen;
Doch dann, eh' ich mir's versehe,
Schließt sie mich in ihre Arme,
Fest, halblachend und halbweinend!

Des Geliebten Sehnsucht.

Knospe der Ros', erwach', erwache!
Denn der Frühling schmückte, o Liebling,
Sonnewärmend dir fertig das Thal.
Ueber dir ausspannend die Bläue,
Streute in deines Mutterstocks Schattung
Dir schon Mandelblüthen und Veilchen;
Komme! versäume nicht länger die Herrlichkeit!
Schwesterlilien scheinen dich an
Mit schnellleuchtenden weißen Flammen,
Morgenröthe durchschleicht dir lösend
Dein süßschwellend-versponnenes Herz,
Silber-Libellen — geflügeltes Wasser —
Wiegen dich schwirrend, surrende Bienen
Küssen den Schlaf von deinen Lippen —
Knospe der Ros', erwach', erwache!
Denn dich erwartet des liebendsten Mädchens
Selbst erst knospend-jungfräuliche Brust.

Tod und Leben aus einer Quelle.

Wenn ihr theuern Röschen wüßtet,
Wüßtet, wo ihr so gewelket,
Und von welcher heil'gen Wärme,
Ach, wie würdet ihr's bedauern,
Daß die Schöne euch mir gegeben!
Euer letztes Hauchen athm' ich,
Drück' euch in die nassen Augen,
Doch der reinsten Liebe Thränen
Wecken euch nicht mehr in's Leben;
Und doch, ach, wo ihr gestorben,
Würd' ich Todter erst lebendig!

Geständniß.

Ist dir's ein Glück, zu wissen, daß ich dein bin,
So fühl' es ganz! Hab' ich doch nun ein Wesen,
Das ganz mich kennt, und meines dürstend einsaugt;
In dem, wie in dem wärmsten Spiegel, ich,
Mir selber holdentfremdet, neu empfinde
Mein reinverklärtes Selbst; aus dem ich, gleich
Aus vollem Quell, der sel'gen Erde Freuden
Und Leiden alle mild und lauter schöpfe;
Um welche ich des Lebens heil'ge Mühen
Mit Lust bewalte! — Hab' ich doch ein Wesen,
In das sonst jede mir nur halbe Wonne
Hinüber zittert, das mit leisen Zeichen
Schon, bei des Tages düsteren und schönen
Erscheinungen ich leicht bedeute, welches
Mich leicht bedeutet, und so wie ich schwanke
Auf dem gefährlich-schmalen Lebensstege —
Mir bebt! und ach, versänk' ich — o der Gnüge:
Der Himmel ist in der geliebten Brust —
Versänk' ich, lebte meine ew'ge Liebe,
Hell, wie ein stiller Stern, bewahret fort
In deiner Seele nährend-heil'gem Aether.

Friederike.

Dich anschaun, ist Leben! dich missen, todt sein!
Ach, doch wer ertrüge der Augen Schmelz, dem
Blick nicht wehrend! schauderte nicht vor deinem
Schmachtenden Munde!

Und mich reißt, mich reißt es an dich allmächtig!
Aber denk' ich's nur: wie ich deine Lippen
Küßte, du mich schlängest an deinen Busen —
Hülfe ihr Götter!

Nein! drum will ich nimmer begehren, was mein
Herz ja doch nicht trüg'! o dein Aug' — entseelend —
Wend' es! deine Lippen entzieh' von meinen!
Winde die Arme

Los! denn wie an Schlangen, gebunden, starr' ich!
Nur zu deinen Füßen erduld' ich's! — läg' ich
Einst in deinem Schooß — o da läg' ich selig,
Aber gestorben.

Sommerlied.

Der Himmel ist offen,
Das Land und die Seeen!
O jegliches Hoffen
Wie ist es erfüllt!

Vor blühten die Büsche
So weiß — und die Höhen —
Nun dunkeler Frische
Grünt alles und quillt!

Zum himmlischen Feste
An ladende Tische
Ziehn fröhlich die Gäste
Bald ein und bald aus;

Sie kommen, sie spinnen,
Sie baun in die Aeste,
Und schwärmen von hinnen
Und räumen das Haus.

Hier dufteten Veilchen,
Nun leuchten hier Nelken!
Nur alles ein Weilchen,
Dann hat es genug.

Woher, o ihr Nelken?
In reizendem Schimmer!
Und denkt zu verwelken?
Ist alles nur Trug?

Hier grünet dahinter
Die Aster schon immer,
Die spät noch bis Winter
Mit Blühen nicht ruht!

Im Schatten, im Laube
Still blähn sich die Früchte,
Voll saugt sich die Traube
Von goldenem Blut!

Horch! abendlich-lichte
Im lauigen Flusse
Das Mädchengezüchte
Wie's plätschert und lacht!

Sie hat mich beschieden
Mit sehnendem Kusse;
O Hoffnung, o Frieden,
O wär' es schon Nacht!

Morgengefühl.

Morgenröthe, darf ich's denken;
Welche süße heil'ge Nacht!
Wie sich leis die Sterne senken,
Die da droben uns bewacht!

Wo das Licht herauf mir leuchtet
Aus dem blassen Morgenthal —
Dort! — sagt, was euch Augen feuchtet —
O geliebter holder Strahl!

Wie die erste Lerche fröhlich,
O Natur, in's Blau sich schwingt,
Schwingt mein Herz zu dir sich selig,
Das mir zittert, bebt und klingt.

O wie fühl' ich mich so innig,
Stark und gut und fest und rein!
Berg und Thal mit Lust umspinn' ich,
Alles Schöne ist ja mein.

Allmacht der Liebe.

O Sonne, wie strahlst du im Blau!
Volles Regen des Tages
Waltet mit Lust, denn er schüttet
Köstlich sein ganzes Füllhorn
Ueber die Lebenden aus!

O Glück: die Glücklichen schaun!
Lerchen verlieren in Wolken —
Bienen im Klee sich, Wandrer
Singend in Blüthen, die Berge
Duftig in himmlischen Schmelz!

Doch lies: die Geliebte verheißt
Mir „mit den Sternen" zu kommen!
Nun verlischt mir die Sonne!
Und der Tag ist verloren,
Schweigen und Dämmer um mich!

Und in mir ist Schauen und Glut!
Blühst du schon, goldener Nachtschein?
Duftest, Jelängerjelieber?
Abendstern, dich erblick' ich!
Sehe, Geliebte, nur dich!

Denn du nun strahlest hervor
Schöner, als alle Gestirne!
Leicht, wie der Tag und die Blumen
Vor dir verschwanden — erhellst du
Rings nun mit Glanze die Nacht!

O Liebe! heilige Macht,
Darfst du das Prangen zerstören? —
Weil du die Quelle der Schönheit
Bist und des Lebens, schaffst du
Immer bezaubernd so fort!

O Liebe, so dienen nur dir
Alle Erscheinungen! Prachtvoll,
Wenn du sie, sehnend, hervorrufst;
Sie sind nichts, wo du nicht bist.
Sie sind nichts, wo du bist.

Geliebte! so mache fortan
Du mir Zeiten und Tage!
So, wie du willst, wird Frühling,
Milde, Gesang und Klarheit —
Oder Nacht um mich sein

Herz im Herzen.

Jetzt, da der Mond die reine Bahn
Voll Zauberglanz durchstrebt,
Und Wald und Fluß das Thal hinan
Mit Dämmer überwebt —
O hätt' ich Flügel wie der Schwan,
Zu Ihr wär' bald geschwebt!

Er ziehet sanft im obern Zelt
Mit leisem Silberklang,
Die Flügel sprühen, monderhellt,
Bald sieht sie ihn voll Drang —
Gewiß, Ihr Herz ist bang geschwellt,
Und macht mir gar so bang!

Verwandlung.

Nun die Nacht mit goldnem Auge
In die stillen Thäler blickt,
Und die Liebenden nun alle
Erst vereint und still beglückt,
Muß ich leider von ihr kehren,
Die mich gern, so gern behielt,
Ach, im vollen Scheidekusse
Süß verräth, was sie mir fühlt!

Schöner Mond, du Zaubrer, löse
Mir die menschliche Gestalt!
Busch und Blüthen preß' ich an mich —
Gieb, o gieb mir Geist'sgewalt!
Diese Thürme, diese Mauern
Dann durchschweb' ich leicht und flott,
Und mit wonnevollen Schauern
Werd' ich dann bei ihr — zum Gott!

Heimliche Wonne.

Wann ich erst am neuen Morgen,
Ein unendlich Glück verborgen,
Von der Allerschönsten gehe,
Und nur schüchtern um mich sehe,
Denk' ich scheu in meinem Wahn:
Alle sehn dich darauf an!
Menschen, Wolken, Fluß und Sonne,
Alle wissen deine Wonne! —
Aber Menschen, Fluß und Sonne
Schweben hin in eigner Wonne;
Blau und leer und still und weit
Liegt des Himmels Herrlichkeit,
Lächeln muß ich, was ich hege —
Und so ziehn sie ihre Wege!

Klein nur bist du, Menschenbrust,
Die du selbst doch Alles hast!
Welche Seligkeit und Lust
Kann so still sein wie ein Traum!
Was der Himmel nicht umfaßt,
Hat in einem Herzen Raum.

An Agnes.

Wenn ich Dich jetzt, mein volles Glück,
In den Armen halte, hör' ich wieder
Deiner Stimme ersten Gesang,
Seh' ich dein erstes Zauberlächeln,
Stehst Du vor mir, wie ein Wolkenbild,
Wieder mit deinen schmachtenden Augen —
Ach, und Du selber bist jede deiner
Frühern Gestalten, die ich mein nennend
Froh nun in Dir an den Busen drücke!

So umfängt dem Knaben bei der goldnen
Nektartriefenden Honigscheibe
Der Frühling wieder die dämmernde Brust:
Ihn umsäuseln die Lüfte so linde,
Ihm strahlt wärmend die Maiensonne,
Blinket wieder die Wiesenschöne
Tausendfarbig, und aus den Blumen,
Die er sich eifrig zum Kranz will pflücken,
Rüttelt er wieder die summenden Bienen.

Der Liebe Lohn.

Seid mir gesegnet, die ich vergoß,
All ihr Thränen! den ich gewandelt,
Sei mir gesegnet, Weg des Lebens!
Denn in die Gefilde der Seligen
Bin ich gekommen!
Und die Thränen, als Blumen hier entsproßt,
O wie wehen, wie duften sie alle mich an!

Nun an der Brust der Göttlichen, ach,
Ruh' ich schon lange —
Selig es hörend, klopfet so fülleschwer
Ihr Herz für mich! verdien' ich's — für mich!
Liebeleuchtend schauet ihr Auge
Auf zu den heiligen Sternen —
Aber ich — schaue ihr lieber
In das verklärte Auge!
Zurückedenkend sag' ich ihr dann:
O Psyche, was litt ich um Dich!
Und fast schmerzlich zu mir geneigt
Flüstern, wie athmende Rosen,
Mir ihre Lippen:
„Ach! -- Wie soll ich Dir Alles vergelten? —"

Brautmorgen.

Nun laß die Sterne fliehen,
Wir haben unsern Ort!
Laß Wolk' und Wölkchen ziehen,
Wir ziehen nicht mehr fort!

Geheimnißvolles Regen
Und sehnsuchtsvoller Flug
Kann uns nicht mehr bewegen,
Wir kennen das genug!

Wir haben uns gefunden
Wir haben es erreicht,
Wir halten uns umwunden
Noch wenn die Nacht erbleicht.

Was die Natur durchschüttert,
Was Alle selig macht,
Davon sind wir durchzittert
Und unsre Brust durchfacht!

Das Lied vom Kusse.

Ein Kuß ist ohne Gleichen
Der Liebe wahrstes Zeichen
Und zartester Genuß!
Ist Anfang, Mitt' und Ende,
Der Liebe Frühlingswende,
Der Bienen Veilchengruß.

Wer küßt, verheißt sein Leben
Dir auch so hinzugeben
Und Liebesüberfluß;
Ein Kuß vergilt die Leiden,
Und für die reinsten Freuden
Dankt man mit einem Kuß.

Du kennst das Gold am Glanze,
Die Jungfrau an dem Kranze,
Das Weib ist wie ihr Mund;
Wie frisch sie leb' und blühe,
Wie heiß sie lieb' und glühe,
Das thut ein Kuß dir kund.

Die Augen können trügen,
Die Worte können lügen,
Geschenke, die man giebt.
Ein Kuß nicht? — Auch! — doch wisset:
Wer nie dich recht geküsset,
Hat nie dich recht geliebt!

Was die Sonne nicht sieht.

Alles schaust du, Alles hast du,
Unbegreiflich reiche Sonne!
Aber einen solchen Abend
Wie uns Menschen heut umzaubert
Seit du von uns weg gesunken: —
Einen Halbmond in den Wolken,
Solche sanft entglommne Rosen,
Solchen Duft der Nachtviolen,
Diesen Sternenglanz im Wasser,
So geheimnißvolle Stille
Und ein Horchen und ein Flüstern,
Und dies Nahen der Geliebten,
Ihr Ereilen, ihr Umschlingen,
Und ihr Halten an dem Busen
Und den Druck der lieben Händchen
Und ihr Lächeln und ihr Blicken
Aus dem Düster in das Düster —
Hast du, sahst du das, o Sonne?!

Abschied.

Schöner Jüngling, sei willkommen!
Treuer Freund, sei treu begrüßt!
Alles Leid ist mir entnommen,
Wenn mich deine Lippe küßt.

Jedes Glück entfloh mir lange!
Jeder Gram zog lang' ins Herz!
Nur die Liebe blieb mir bange,
Und mir blieb der Schönheit Schmerz.

O du, Erde, froh betreten,
O du blaues Himmelshaus,
Laßt mich still noch einmal beten,
Dann auf ewig wandr' ich aus.

Jung und schön kommt alles, munter
Aus dem kaum verhüllten Reich;
Alt und schmucklos geht's hinunter,
Von dem Sonnenfeste bleich.

Schöner Jüngling, neues Leben
Giebt dein Kuß — o nahe dich!
Sieh, wie meine Lippen beben,
Schöner Jüngling — küsse mich.

Brief.

Was soll ich dir sagen,
Ach, in der Liebe
Seligen Tagen!
Kann ich dir danken,
Kann ich es fassen?
Will ich's erschöpfen,
Will ich's verdienen?
Fühl' ich des Wetters
Störrisches Wehen,
Wenn ich auf Höhen
Liege dir schmachten?
Wenn da im Dunkeln
Tausend Gestirne
Ueber mir funkeln,
Segn' ich die Pracht!

Soll ich noch wünschen? —
Gönne mir einen,
Einen von deinen
Ewigen Sternen
Heilige Nacht!
Dort will ich wohnen
In goldenem Zelt
Mit Dir, der meinen,
Einzig gesellt,
Ueber der Erde
Altem Gedenken

Ueber der Menschen
Dauerndem Kränken,
Ueber dem Frühling,
Ueber der Welt

Frühlings-Nachtgleiche.

Wir mochten endlich eingeschlummert sein,
— Doch Schlaf und Traum sind göttlicher Natur
Und kennen selig nicht das Maaß der Zeit —
Da stieß mich leise die Geliebte an,
Und zeigte mir der Morgenröthe Glanz,
Die wallend in das trauliche Gemach
Wie eine Rosenfluth vom Himmel floß.
Und blinkend schien das reinliche Gefäß
Vom Sims der Wand, und schattete sich ab,
Und glimmend, und doch nicht entlodernd, schwamm
Im kühlen Feuerglanz der feine Flachs
Geröthet, und die Spindel eingetaucht,
Womit die Liebliche des Abends spann,
Und jedes Eckchen glomm von Licht erfüllt,
Daß selbst die Spinne an zu weben fing,
Ihr Tagewerk beginnend, und der Hahn
Erregte laut die ganze Nachbarschaft
Und alle krähten rings den Morgen an.

Da trieb sie mich mit bangen Küssen fort,
Und ich, der ich nicht bleiben konnte, ging,
Noch oft zurückgewandt zum kleinen Haus.

Der Sonne wartend, steh' ich auf dem Berg
Nun einsam hier, und sehe ganz erstaunt
Das Morgenroth erbleichen, aber nicht
Und immer nicht die Sonne mit dem Blitz
Erscheinen! ja dagegen treten leis
Die größeren Gestirne wieder vor
Und selbst der kleinern Silberflimmer blinkt
Aus lichter Bläue; rauschend flammt der Wald,
Denn feurig geht der Vollmond gar nun auf!
Die Lerche, die schon an zu singen fing,
Steigt wieder stumm, getäuscht und wie beschämt
Vom Himmel nieder in die junge Saat,
Bang ächzend schwirrt die Eule wieder um,
Die alte Weide leuchtet, wie ein Geist,
Und nach der Sterne Stand ist Mitternacht!

Ist's nicht genug, daß Menschen Liebende
So oft behelligen? Nun fängst du selbst,
O Himmel, sie zu täuschen an, und schickst
Als Irrlicht gar das schöne Nordlicht mir!

Gemeinsamer Stoff.

Wenn ich die Rosen seh' im Mondenschein
So dämmernd blühn wie er, und ihr Gedüft
Mich würzig anhaucht, so wie seines — wenn
Die Stillgeliebte mir so sanft daherkommt,
So lichtbeglänzt, wie Nachtgewölk am Himmel,
Mir ihre Stimme bang und reizend klagt,
Wie Nachtigallen im Gebüsch; wenn ihr
Im schwarzen Haare nun Johanniswürmchen,
Die ich ihr in die Locken eingestreut,
So golden schimmern, wie die goldnen Sterne;
Wenn ihr die Thränen auf den Wangen stehen,
Die sie um mich geweint, wie Thau auf Lilien —
Dann scheinet mir Entzücken Alles, Alles,
Die Rosen und der Mond, die Nachtigallen,
Die Feuerwürmchen und die Sterne, ja
Die schlummernde Geliebte, und ich selbst
Mir nur aus Einem Stoff gewebt, und Alles
Scheint mir so selig, wie ich selber bin!
Ich küsse dann die Rosenknospen, statt
Der Lippen meiner hold Entschlummerten!
Küss' ihre sanftgeschlossnen Augenlieder,
Wie das Gewölk, das leicht den Mond bedeckt!
Und wenn sie mich an ihren Busen drückt,
Geschieht mir, als umarmte mich Beglückten
Die heil'ge Nacht, die schöne Frühlingserde!

Verspätung.

Böse Sonne, du schadenfrohe,
Als ich mit der Geliebten scherzte,
Düsterte heimlich der Mond noch um uns —
Und nun mit diesem elysisch-leichten
Schattengitter des Weingerankes
Hast du uns schlummernd gefangen!

Schaue, wie feurige junge Götter
Ruhn wir beisammen! wie hell vergoldest
Du der Glühenden schönes Antlitz!
Ach, und die Zähnchen, die oft mir die Lippen
Halten — welch' Göttergebild besitz' ich,
Welche goldene Hebe!

Nein! ein Schöneres als eine goldne
Hebe, Schöneres als Hephästus
Je ein wandelndes Werk gebildet,
Gabst du Urkünstlerin, o Natur, mir;
Und ich empfinde, welch' Meisterstück ich
Liebend-lebendig besitze!

Nacht.

Wenn ich Nachts an der Brust der Geliebten
Selig=ermüdet ruhe, berauscht
Und gestärkt von dem Kelche der Liebe,
Und die feiernde duftige Nacht
Ihrer hehren goldnen Gestirne
Einen Reigen nach dem andern,
Immer glänzender, goldener Jeden,
Leis herauf vor meinen erstaunten
Augen und langsam vorüber führt —
Weine ich auf die Brust der Entschlafnen:
Wie die Erde, die wunderbar alte,
Schwebend mit Meeren und Inseln und Bergen,
Mit ihren Todten und heiligen Trümmern,
Jetzt erleuchtet, jetzt düster, im Himmel
Wie ein Lotus unsterblich dahinschwimmt,
Und wie gefangene Bienen im Mohnhaupt
Wir in den schwimmenden Zaubergärten —
Weine ich, bis die erschrocken Erwachte
Zärtlich mich in den Schlummer gekoset —
Träume ich, bis die Gestirne gesunken
Oder zerglänzt in die Morgenröthe,
Bis sie, mich küssend, von mir geschlichen
Und aus dem rosigen Frühlingsgefild
Voller Thau und Glanz und Gesang
Ihres Jünglinges Haar mit frischen
Veilchen bekränzt, die Morgensonne
Ihr und der Erde mich wiedergegeben —
Und ich ihr wieder am Busen weine!

Ewige Klage.

Daß sich die Lust, und so spurlos, vergißt!
Ob du es, Brust, ob du Lipp' es noch bist?
Weiß ich doch nichts, wie der Taucher, von allen
Tief wo er Perlen gepflückt und Korallen;
Saust mir's, als ob ich in heiliger Tiefe
Noch ungedacht und gedankenlos schliefe.
Und doch wie lechzte erwartend die Brust!
Schmachtete dunkeler Gluth voll die Lippe!
Ach, wie der Gießbach über die Klippe
Kommet und brauset und stürzet die Lust.
— Stürz' ich mich nach der verschwindenden Welle?
Dring' ich durch Felsen zur ewigen Quelle?
Weg mit der Nacht ist das selige Wissen!
Weg mit der Lipp' ist das süße Genießen! —
Haben dich himmlische Träume verwirrt?
Sage, was stehst du verschränkt und verirrt? —
Hin zu der Holden! o hin an die Brust!
Ewig erneut sie dir Leben und Lust!

Die Königin der Nacht.

Geliebte! Wie du mir am Tage
So tiefe Ruhe gönnst! Wie leichtbedacht,
Wie glanzumhüllt,
Wie reizversteckt
Dein stilles Bild
Mich kaum erweckt,
Und leis verschwebt in heller Erdenpracht!
Zwar hold und lieb, und schön und gut,
Erregst du mir nicht Sinn und Blut —
Mir selbst zu leben hab' ich Muth!

Doch, holde Zauberin, o sage,
Wie gehst du hell mir auf, beginnt die Nacht!
Wie reizerfüllt,
Wie süßentdeckt
Dein leuchtend Bild
Mir Gluth erweckt!
Wie du nun ausübst alle Tagesmacht!
Umglänzt von Luna's Silberschein,
Ach, ist nichts Andres mehr noch mein —
Du lebst mir nur, ich bin noch dein!

So steht verschlossen über Tage
Der Blumen Mond: die Königin der Nacht!
Ihr Rosenmund,
Ihr Aug' erwacht,
Ihr Kelch wird kund
In holder Nacht,
Wenn keinen Reiz die Sonne mehr bewacht;
Ihr duftig Herz, von Gluth durchfacht,
Geht auf, und steht voll Himmelspracht
Im schönsten Flor um Mitternacht!

Neuer Morgen, neue Geliebte.

Däucht mir doch, als wärest du nicht mehr,
Wärest nie gewesen, schnell verschwunden,
Wie die Sonne nach dem Untergang,
Wenn du mir der Liebe Gluth gestillt,
Und die Seele Wonn' umhüllt wie Nebel!
Aber seh' ich Morgens dich im Garten
In dem Glanz der auferstandnen Sonne,
Stehst du wieder los mir gegenüber,
Wieder du, dein eigen, neu und reizend —
Ach und reizender durch welches Wissen!

Behalten.

Mädchen, nicht den Zauber kann ich fassen:
Daß ich dich muß dir so eigen lassen,
Wann ich von dir gehe!

Bist du nicht ganz mein?
Und doch bleibest du auch dein,
Wie der Mond
Mir in seinem Himmel wohnt;
Wie ich dich so sehe,
Solcher schwarzer Locken Fülle,
Solcher blauer Augen Schein,
Wie dein ganzes Wesen leibt und quillt,
Alles schlingt die Ferne ein,
Kläglich-stille!
Mit mir nehm' ich nur dein dämmernd Bild —
Ach, und so viel Göttlichkeit
Ist wie gar nicht da!

Doch, nur wenig Schritte, wenig Zeit,
Welchen Himmel hab' ich wieder nah!

Lebendige Bilder.

Wieder ruhig steh' ich nun hier oben,
Wie ich stand mit freien frischen Sinnen,
Eh' ich drunten dich im Thal gewahrte,
Zu dir niederstieg in deinen Garten!

Wieder ruhig steh' ich auf der Zinne,
Und doch froh erworbnen Glückes reicher:
Seh' dich lieblich noch herauf mich grüßen,
Um das Haus dein weißes Kleid verschwinden,
An der Erde mich zum Himmel schmachten,
Seh' mich bei den Hyazinthen liegen,
Nachts mich in den feuchten Hecken lauschen,
Mich dem Silbermonde gegenüber
Dir an deinem lieben Busen ruhen!

O wie reizend ist die Selbsterscheinung!
Ich — der erst bei ihr nur Gluthempfindung,
Nur ein Traum war, steh' nun in deinem
Zaubergarten, schöne Erde, vielfach
Ausgeführt in stilllebendigen Bildern,
Mir verwandt und fremd, so hold beschaulich

Das krystallene Schloß.

Ach, ein heiliges Jahr
Während dem Weilen der Blumen,
Während dem Färben der Früchte,
Während dem Klären der Trauben,
Warst du Entzückende mein!

War ich Beseligter dein!
Alle die rosigen Morgen,
Alle die sonnigen Tage,
Alle das Wandeln der Sterne
War ich Beständiger dein!

Und unerschöpflich war
Deiner Liebe Bezeigung,
Unverlierbar und endlos
Schien es, mein Glühen und Lieben,
Ach, unersättlich war's!

Seit die Sonne allein
Dir in der Ferne nun leuchtet,
Seufzest du liebend vergebens
Mir nach, schmacht' ich vergebens
Dir nach, vergeh' ich vor Sehnsucht,
Seufze vergebens allein!

Wäre ein Orkus das Jahr,
Wohntest du dort in den Hallen,
Schlummernd, noch wie du mich liebtest,
Dräng' ich hinunter wie Orpheus,
Führte zu mir dich herauf!

Ach, ein krystallenes Schloß
Bist du, Vergangenheit, Menschen!
Nahen, hindurch nur schauen
Dürfen die Liebenden weinend
Wie sie einst Liebe beglückt.

Wiederkehr.

Hier an die Felswand steh' ich gelehnt,
Aufschaffend in meiner Brust
Die Wonne vergangener Tage:
So singet die Nachtigall
Die Hyazinthen wach
Aus ihrem heiligen Schlafe;
So nähren mit ewigem Thau
Bildende Frühlingsgeister
In Silbernebel sie fütternd
Junge Knospenlippen;
So schwebst du, o Mond, in deinem
Kühl aufdrängenden Feuer —
Und so schön wie du, kam Sie,
Mir bebend gelös't in Thränen,
Und ich genoß an ihrer
Reinen Brust die volle
Wonne der ersten Liebe
In deiner ewigen Helle.

Herbstlied.

Natur, du Geliebte,
Wie bist du verwandelt,
O meine Geliebte,
In Thal und auf Höhn!

Doch auch so verwandelt,
Du nackende, bloße,
Du herrliche, große,
Wie bist du so schön!

So erröthet, entkleidet
Vom trunkenen Bräutigam,
Im düstern Gemache
Die bebende Braut.

Wo dort sie die Lämmer
Auf Blumen geweidet,
Da webet nun drunten
Der Nebel, und thaut.

Wo hier ich die Winden
Ihr pflückte, die bunten,
Verspinnt sich die Raupe
Am purpurnen Zweig;

Und dort, wo die falben
Gestrüppe nun schwinden,
Da warf sie mich schelmisch
Aus Blüthengesträuch.

Nun üben die Schwalben,
Laut schwirrend im Kreise,
Zur schwebenden Reise,
Die fröhliche Brut.

Wo jüngst sie die Garben,
Die goldnen, gebunden —
O wechselnde Stunden!
O sinkender Muth!

Von röthlichen Bergen
Ab singen die Winzer,
Der kelternden Mädchen
Gelächter erschallt.

Es schallt von den Bergen
Auf gleißende Matten
In Abendroths Schatten
In Wald und verhallt.

Wie sausen die Winde
Durch raschelnde Blätter!
So floh, so geschwinde,
Die Lust und der Schmerz.

Heim donnern die Wetter,
Ab rieseln die Wolken;
So rinnet mein Auge,
So zittert mein Herz.

Gewandter Sinn.

Als ich warb und als ich brannte,
Ward ich glücklich kaum ein Mal;
Liebe läßt sich kaum beglücken,
Hemmt sie stets doch eigne Qual,
Wer zu große Liebe zeiget,
Der macht stolz, beschränkt und kühlt;
Glücklich, wer sein Glück verschweiget,
Wer verheimlicht, was er fühlt.

Nun, als sich der Sinn mir wandte,
Seh' ich, wie viel ich verschmäht!
Doch ich weiß mich schnell zu schicken,
In der Jugend ist nichts zu spät.
Nun nach fremder Lockung zieh' ich,
Was mir das für Wonne giebt!
Die ich liebe — fort! die flieh' ich,
Und Der bin ich, die mich liebt.

Die Vergeßne.

An die Hyacinthe von ihm.

Da die Lüfte wieder glühn,
Und die Blumen neu erwachen,
Willst auch du denn wieder blühn,
Und den Sinn mir traurig machen?
Ach, seine Liebe ist doch hin!
Was willst du denn bei mir nun blühn?

Als ein Zeichen seiner Treu
Wie ich dich so sorgsam pflegte!
Liebe blüht nicht wieder neu,
Wenn selbst Irdisches neu sich regte.
O wie mir doch dein süßer Duft
Mein todtes Glück in's Leben ruft.

Wie ein schöner Himmelsschein
Läßt sich Liebe schaun auf Erden,
Geht in Himmel wieder ein,
Muß vor Untreu flüchtig werden;
Doch wer ihn sah den Himmelsschein,
Der möchte bei dem Scheine sein.

Werd' ich wohl vielleicht einmal,
Himmelsschein, dich wiederfinden?
Blühe, blühe mir zur Qual,
Liebste mir der Hyazinthen!
Du sagst mir, daß, wie Lieb' auch glüht,
Die Blume doch sie überblüht.

Reiz im Wechsel.

Lehnt nicht dort die einst Geliebte?
Sonst so Heitre, nun Betrübte —
Ach, die holden Züge sehn!
Ja, sie ist noch immer schön.
Wird dir doch so alt, so eigen,
Fühlst, wie einst, die Brust dir steigen —
Und du liebst sie doch nicht mehr!
Herz, o Herz, wer kennt dich, wer?

An die Ungetreue.

Ach, wer hilft es mir ertragen,
Daß ich, Schönste, dich verlor!
Ich muß weinen, ich muß klagen —
Und du lebst so hin wie vor.

So entfliegt des Stellers Händen
Seine holde Nachtigall;
Hinter Busch und Blüthenwänden
Folgt er bang ihr überall.

Und er sieht sie, hört sie schlagen,
Schöner nun er sie verlor!
In des Frühlings reinsten Tagen
Gießt sie Leiden in sein Ohr.

Versöhnung.

Laß mich deine Augen trocken küssen!
Hast du denn um mich geweint?
Komm' an meine Brust! laß mich nicht büßen,
Was so bös nicht war gemeint.

Senkst du immer noch den Blick zur Erde?
Träumest dir ein falsch Geschick —
Schweigend, mit wehmüthiger Geberde
Ziehst du halb die Hand zurück!

Fühlst du nichts für mich in dir sich regen? —
Doch! — ein Lächeln, ach, ein Blick!
Ja, du schenkst mir wieder deinen Segen,
Liebe: der Versöhnung Glück!

Winterlied.

So feiernd heilig
Ruhst du, verschleiert
Im Schneegewande
So still, Natur!

Und drunter klopfet
Voll Frühlingsträume
So warm, so liebend
Dein dichtend Herz;

So stellt sich meine
Geliebte schlafend,
Die ich beschlichen,
Und athmet kaum!

Der Mond beschüttet
Mit Silberflimmern
Die weißen Hügel,
Es gluckt der Bach;

So fließt der Schimmer
Von ihrer Lampe
Auf ihren Busen,
So klopft das Herz.

O welch Entzücken!
Für mich, ach, klopft es!
Dann, wie erwachend,
Umschlingt sie mich!

So wirst du aufstehn,
Natur! schön bist du,
Wie die Geliebte
In jedem Schmuck;

Schön, wie die Rose,
Steht ihr bescheiden
In schwarzem Haare
Das Wintergrün.

O selig, selig,
In ew'ger Fülle
In jedem Wechsel
Die Brust, die liebt!

Gleich wie die Mainacht
In Safrandämmer,
Aus Blüthenbüschen
Die Nachtigall:

Sei mir gesegnet,
Du Nordschein-Helle!
Du heimlich Flüstern,
Du lange Nacht!

Wiedersehn der verblühten Geliebten.

Schütte dich zu, schütte dich zu,
Selige Welt,
Ueber den Liebenden schütte dich zu!

In dem Geflirr nachdrängender Sonnen,
In dem Gewirr verwandelnder Tage
Verblühet die Schöne
Wie deine Rosen!
Wie deine Rosen
Verglühet die Liebe!
Mit Schönheit und Liebe schwindet das Glück,
Und sein Nachtraum: das Unglück! Klage, und Leid!

Schütte dich zu, schütte dich zu,
Heilige Welt,
Ueber den Leidenden schütte dich zu!

Erstes Gewitter.

In die Blüthen,
In die Blätter
Rauscht das erste
Frühlingswetter,
Ruft die erste
Nachtigall,
Aller Blumen
Kelche füllend,
Himmlisch, himmlisch
Zu den Wolken
Aus dem Thal.

Und ich weine
Aus der Fülle
Alter Freuden
In der Stille;
Mir vergebens
Quillst du, Thal,
Säuseln Blüthen,
Junge Blätter,
Rufst du himmlisch
Zu den Wolken,
Nachtigall!

Was ich selig
Einst besessen,
Kann die Seele
Nicht vergessen,
Bringst du wieder
Mir nicht, Thal!

Rosenblitzen,
Blüthenleuchten
Stürzt verwandelt
Mir in Busen
Bange Qual.

Nehmt mich mit euch,
Wolkenhallen,
Zu den alten
Jahren allen!
Wo ihr nachzieht,
Wolken all'!
Ach, ihr laßt mich
Bei den neuen
Blüthenbüschen
Hier im Rauschen
Tief im Thal.

Doch nicht vorwärts
Ist das Alte,
Nicht ist rückwärts
Das Verwallte,
Nirgend, nirgend
Ueberall!
Wo die Schmerzen
Sind, im Herzen
Lebt es ruhend,
Wie der Glocke
Jeder Hall.

Nelkenflor.

Seh' ich euch wieder, Nelken! Ist euch möglich,
So bunt, so prächtig, so gesellig-glücklich
Mir jemals vor die Augen mehr zu kommen?
Und lebt ihr auch noch? — Euere Geschwister,
Ach, sah ich an der mir gestorbenen
Geliebten stillgeschmückter Brust auch sterben!
Drum geht! Geht ihr auch heim, ihr guten Kinder,
Ihr thut mir weh! Und kommt mir nimmer wieder!
Und wollt ihr, wenn ihr heimkommt, mir sie grüßen,
So klagt ihr sanft: ihr hättet mich gesehen —
Ich käme bald nach euch, wenn nicht schon mit euch!

Der letzte Frühling.

In des Frühlings neuer Milde
Löst sich mir die ganze Brust,
Mit dem jungen Grün im Thale
Regt sich alte Frühlingslust.

Sieh, die Erd' umblühet wieder
Ew'ge Jugend wie zuvor,
Und in Fülle hat sie wieder
Alles, was sie je verlor.

Doch ich fühl's mit Herzensschlägen,
Nicht mehr mein ist dieses Licht;
Mir hat sich dies Haus geschlossen,
Diese Pracht gehört mir nicht.

Glänze, wärme, liebe Sonne!
Blühe, Erd', in alter Pracht!
Meine Thränen abzutrocknen
Hat dein Lebenshauch nicht Macht.

Die mich liebten, die ich liebte,
Gingen ein zum stillen Thor,
Und kein Frühling bringt mir wieder,
Was mein glücklich Herz verlor.

Länger wünsch' ich nicht zu leben,
Bis die Rose duftend steht,
Und dann will ich mit ihm gehen,
Wenn der Frühling wieder geht.

Was zerstreut durch's ganze Leben
Einst mir hie und dort geschehn,
Will ich einmal noch versammelt
Und verklärt mit Lächeln sehn.

Hoch im Blau des Kindes Sonne
Dann die Glöckchen weiß und grün,
Wie sich Lindenhallen wölben,
Wie die Hyazinthen blühn.

Wie die Nachtigallen rufen,
Wenn der Mond auf Blüthen scheint,
Wo das Kind einst hoffend sehnte,
Wo der Mann erinnernd weint.

Dir, Natur, ganz hingegeben,
Ruh' ich aus in deinem Schooß;
Köstlich ist's bei dir zu leben,
Sterben auch ist süßes Loos.

Die todte Geliebte.

Scheinst du heut auch nur zu schlummern,
Wie, als ich dich leis beschlichen
Jüngst im schönen Maienabend-Zwielicht
Und dein lächelnd Antlitz
Mit Orangenblüthen dir bestreute,
Plötzlich deine regen Arme
Mich, den liebend über dir Gebeugten,
Fest umschlangen, ach,
Zu dir niederzogen!

Wie du, urheiliger Donner,
In ewiger Majestät
Die Wolken durchrollst!
Daß in der Schlafenden
Bekränztem Haar die Rosen schüttern!
Daß die Seele mir schaudert!

Ach, mit welchem Geist
Bin ich umgangen
So vertraut!

Zurück gewandter Arme
Steh' ich schüchternen Auges
Vor dem ruhenden Gebild,
Wie um das gefallene Meteor
Kinder stehn in scheuer Ferne.

Wie sie so schön liegt, wie im Schlaf,
Nur wie im Frühtraum — ach, das hold
Schimmernde Wangenroth
Ist nur der glänzende Abschein von den Rosen im Haar;
Ruhig lieget sie da, schön und todt!
Was dem liebenden Sinn
Ewig unmöglich erschien,
Was ich nimmer versteh, glauben nicht kann, nicht mag —
Durch glühende Thränen
Seh' ich's, das Traumbild, und in Worten
Unverstanden und hohl dröhnt's vor dem Ohr:
Sie ist todt!
Vater, warum,
Was du mir gabst, nimmst du's zurück?
Vater? — ich kann, wenn du es bist,
Dich nicht lieben; du bist schrecklich,
Ich schaudre vor dir!
Ach so vergieb fehlendem Wort,
Denn es verwirrt folternde Angst
Ja nur um das, dem du so schön,
So klagwürdig zu sein selber gabst,
Dumpf mir den Sinn!
Was du mir gabst, nimmst du zurück!
Schweigend und unabwehrlich geschieht
Auf Erden, was dein himmlischer Will' allen verhing;
Nimmer begehr' ich es von fern aus zu spähn!
Walte du dort, Heiliger, von deinen Höhen,
Walte du dort über uns, über mich! —
Hienieden nur
An die sterbliche, mitleidende Brust
Will ich mich schmiegen, sanft an ihr weinen
Geschlossenen Aug's, und so ertragen

Dein vorüberbrausend Geschick!
Aber die einzige mir noch übrige Brust, wo ich es litt
Gern all' dein vorüberbrausend Geschick —
Hier liegt sie mir kalt!
Und es schlägt in ihr kein Herz
Mehr für mich!
Fern ist der treu liebende Geist, fern entflohn,
Schwergeschlossen das sanft blinkende Aug',
Und die einst mich so süß tröstende Lippe
Schweigt so tief! grausam, so lang! —
Ach, ist dir nun deines Geliebten
Unsäglichster Schmerz
Gleichgültig so bald, so ganz!
Vertilgt aus der Brust jegliches auch noch so leise
Zagen um das erschrecklichste Geschick deines Geschlechts,
Treulose, seit dich der Tod kaum umschlang!

Schwermüthiger, schweig!
Ehrt auch dein Herz nicht den Gehorsam der Todten!
Daran erkenn's — daß sie dich nicht
Tröstet, daß sie kein Wort,
Keine Thräne für dich hat, den sie so
Liebte — daran, daran erkenn's:
Ja, sie ist todt! ja, sie gehört jetzo dem Gott!
Hörst du ihn hoch donnern? Er ist's!
Ach, ich entsag' ihr, ich entsage!
Senkt sie ihm hin!
Segen und Heil! Fried' und Ruh über ihr!
Still, sie ist sein!
Lieben nur will ich sie noch auch bei ihm!
Wohl mir, und wohl, schlafendes Ohr, auch dir,
Daß du dies Liebe=schwerlästernde Wort nicht vernahmst,

Die du gefolgt, selige Jungfrau, bist dem himmlischen Beruf,
Frommen unschuldigen Gangs!
O daß ich nun ganz Einsamer auch
Durch des Lebens Unglücks-Labyrinth
Schuldlos und rein trüge mein Herz!
Bis das wohlthätige Grab —
Jeglichen gern bergend, der keinen Trost,
Keinen Rath für die Leiden mehr
Hat, die das Leben bringt —
Meinen Schmerz bald auch verbirgt,
Und mich.

Die Locke.

Du, ihre Locke, wenn ich dich nicht hätte,
Nicht immerfort auf meinem Herzen fühlte,
Das nur, um länger Ihrer zu gedenken,
Noch länger wünscht zu schlagen, dann bedünkte
Mir alles jenes Glück der ersten Liebe,
Die Wonne bei ihr, mit ihr — nur ein Traum!

Doch ruht einmal mein Auge über dir,
Geschieht mir, als versänk' ich in die Tage,
Wo sie mich liebte, in die heil'ge Nacht,
Ach, wo sie mein ward! glänzt mir jener Mond,

Mild, wie in einer Grotte, schmachtet sie
Vor Macht der neuen Wonne hingebeugt;
Dann sanft, so wie ein Geist, zu seiner Klarheit
Auf hebt sie ihr erblaßtes schönes Antlitz
Und birgt sie selig es vor ihm, an mir!
Fühl' ich ihr Zucken, ihre Lipp' an meiner
Lebendig! — dünkt mir dieser Himmel heut
Mit seinen Wolken selbst, dies neue Thal,
Der Glanz, der Schmelz, dies Grüne — nur ein Traum!

So kommt der Lenz in tausendfacher Schöne,
Die Sonne waltet, wirkt die Blumen aus,
Und goldenschön umgürtet sich die Erde;
Ein ungemeßner Reichthum steht dir offen —
Von Allem pflückst du Eine Rose dir!
Doch wendet bald die Sonn' ihr herbstlich Auge,
Mit seinem Schönen schließt der Himmel zu,
Und nur die Rose bleibt dir, fort, unläugbar.
Mit sanfter Gegenwart: in welchem Himmel
Du, göttlichen Besitzes voll, gewandelt.

Die Johanniswürmchen.

Heimlich streut' ich euch, ihr Funken,
Ihr in's Haar, ihr in den Busen,
Als sie süß in Schlaf gesunken
Hier am schwülen Abend saß.

Mit der kleinen Blendlaterne
Sanftes grünes Licht verbreitend
Gingt ihr lieben, goldnen Sterne,
Ach, nicht wissend, wo ihr gingt. —

Wieder fliegt ihr sternverdunkelnd —
Sucht sie! — Sucht sie nicht im Grünen!
Doch — da schläft sie, von euch funkelnd,
Unter diesem grünen Gras!

Die letzten Tage.

Nun hab' ich Ruh' in meinen letzten Sonnen;
Die Stürme dieses wilden Herzens schweigen,
Es schließt sich, gleich dem Mohn, bei Sonnenneigen,
Und mit der Hoffnung ist die Qual verronnen.

So schließt das Jahr auch heiter, wie's begonnen:
Längst heimgezogen sind der Wetter Reigen,
Der Herbst will noch im vollen Schmuck sich zeigen,
Und gleißend ruhn die Fluren übersponnen.

Auf Wolken bin ich durch die Welt gezogen,
Hoch überschau'nd der Erde Herrlichkeiten,
Und selig lebt' ich droben ew'ge Zeiten!

Nun trug mich auf den Berg ein Regenbogen.
Du warst's, die mich so selig macht', o Erde!
Und gern steig' ich zu dir in's Grab, o Erde!

Die Vollmondnacht.

Jüngling.

Wieder herauf schwebst du, o Mond,
Wieder wie da glänzend und schön
Als ich noch froh kommen dich sah.
Sieh, denn du kamst denen zugleich
Dämmernd, die ich liebend=geliebt
Völlig=beglückt einzig besaß!
Wieder herauf schwebst du, o Mond,
Immer noch voll! — Aber dein Freund
Weinet seitdem lange schon, ach,
Ueber der Welt eilend Geschick!
Wie? — du verbirgst, Seliger, dich
In des Gewölks düstres Gezelt!
Kannst du noch nicht Thränen im Aug
Einsamer Treuliebender sehn?

Mond.

Selig sind die Todten.
Wohl der Erd' entgangen,
Sind sie doch im Kreise
Wo die Sterne wandeln.
Sieh', ich komm' und gehe
Leuchtend dir und schwindend —
Und schau', wie die Todten,
Stets der Sonne Antlitz.
Alle deine Todten
Schau' ich auch; sie lächeln,
Daß du drunten weinest.
Selig sind die Todten.

Brautlied.

An . . . . . .

Zwei schöne, hold sich ähnliche Gestalten
Seh' ich sich nahn mit rosigem Gesicht —
Für wen im Heiligthum muß ich euch halten?
Nicht fremd, kenn' ich bezaubert jetzt euch nicht!
Um euer Antlitz schwebt ein Glanz, ein Ahnen,
Die an den letzten Schöpfungstag mich mahnen.

Aus sel'ger Tiefe seid ihr aufgestiegen,
Aus ew'gem Element seid ihr gewebt,
So alt, wie dort die Felsen um euch liegen,
So jung, wie sich die Ros' am Busen hebt!
Die Sonne sieht an euch mit Göttergnüge
Des ersten Menschenpaars gottgleiche Züge.

Was jenes sternevollen Aethers Hallen
Durchströmt, ernährt, mit Schönheit sie erhellt,
Was mächtig in den alten Jahren allen,
Was einst noch künftig alle Knospen schwellt —
Durch eure Adern fühlt die Ströme rinnen,
In eurem Geist den Geist der Geister sinnen!

Zwiefach getheilt, und Eins in Zwei Gebilden,
Und Mann und Weib, und Weib und Mann zugleich
Ist die Natur, in ihren tausend Gilden,
In Meer, in Luft, in ihrer Blumen Reich;
Ihr seid sie selbst so fühlt euch Eins in Zweien,
Und Zwei in Einem! und bald Eins in Dreien!

Fühlt euch in jenen Tausend, die da kamen,
Auf deren Grabespyramid' ihr steht,
Und in den Tausend, die wie Blumensaamen
Des Lebens Sturm noch auf die Erde weht;
Ihr lebt, ihr liebt, ihr schaut die späten Räume —
Des Schöpfers Worte blühn so schön wie Träume!

Die Sterne werden eure Reihn begleiten,
Die treu des Nachts mit jedem Wandrer ziehn,
Die Sonne folget ihnen in die Weiten,
Die Erde wird um ihre Füße blühn,
Wie heut, wird hell um eure letzten Söhne
Der Himmel ruhn in seiner ersten Schöne!

Wie viel auch Häupter treten vor die Sonne,
Jedwedem schenkt sie Morgens einen Tag;
Jedwedes Veilchen hat in voller Wonne
Des Frühlings ganzes leuchtendes Gemach!
Der Mensch, von tausend Wesen unverkümmert,
Hat eine ganze Welt, die rings ihm schimmert.

Und wie geheimnißvoll in sich verborgen
Die Rose — aller Rosen Leben trägt,
Die blühn noch werden alle Sommermorgen,
Und welche ihren Schmuck schon abgelegt,
Wie aller Rosen Duft in Jeder glühet,
Wie aller Rosen Bild in Jeder blühet:

So zuckt durch eueres Geschlechtes Glieder
Das gleiche Weltgefühl, die gleiche Lust
An goldnem, magischem Geflecht hernieder,
Und jede Brust genießt, was aller Brust,
In jedem Haupte flammt das Feuer helle,
Und Alle werden Eins an jeder Stelle.

Genieße denn der Welt, die euch gegeben,
Voll Liebe! in der Liebe liegt die Treu;
In Treue: Fried' und Glück und sel'ges Leben,
Die Liebe macht das Alte ewig neu!
Und so verjüngt in euch der Menschheit Tage,
Vom Paradies die alte schöne Sage!

An die Sonne.

Canzone.

O heil'ge Sonne, die mir hold den Schleier
Von allem Schönen auf der Erde hebet,
Und sie, die Allerschönste, lieblich zeiget,
Für die mein Busen brennt mit ew'gem Feuer,
Die aber streng in hohem Kreise lebet
Und wie mein Auge spricht mit ihrem schweiget —
Mit Dank erkenn' ichs, heil'ge Sonne!
Durch dich empfind' ich diese Wonne;
Durch dich seh' ich ihr Auge nur erhellet,
Durch dich des Nackens Schneesglänzen,
Daß braune Locken köstlich sie bekränzen,
Daß süßer Hauch den Hebebusen schwellet
Doch auch durch dich nur fühl ich mich zernagen,
O Sonne, bitter muß ich dich verklagen!

Denn nur durch dich sind stolz und reich die Reichen!
Durch dich gilt Gold und helle Diamanten,
Durch dich sind Prunk und Tand und eitle Güter,
Durch dich muß oft die reinste Lieb' erbleichen,
Die besten Herzen sind die streng verbannten,
Unselig werden selige Gemüther!

Wonach du siehst die Menschen ringen
In deinem Reich — kann ich's ihr bringen?
Und so verschmäht sie auch die stille Treue,
Ob sie das Herz schon nicht verkennet,
Wie still=bescheiden, doch wie heiß es brennet!
Drum seufz' ich auf zu jener Himmelsbläue
Und wünsch': O Sonne, sänkst du doch hernieder
In ew'ge Nacht, und nimmer kämst du wieder!

Dann herrschten schöner nur die bessern Sterne,
Und manchmal zöge leis der Mond vorüber,
Dann wär' das sel'ge Reich der sel'gen Liebe!
Was jetzt sie kränkt, das blieb' ihr ewig ferne,
Das Auge würde nicht von Thränen trüber,
Wenn, was sich fand, froh bei einander bliebe! —
Ihr — dürft' ich keinen Namen nennen,
An Liebe würde sie mich kennen:
An meinen Armen, die sie sanft umschlängen,
Am Herzen, das laut=hörbar schlüge,
Am Lispeln, das nur: „Liebst du mich auch?" früge,
An Lippen, die nach tausend Küssen rängen —
Und ach, was wollte sie dann Lieber's haben,
Als solch' ein Herz, wie dir's die Musen gaben?

Doch weg du Traum, du Bild des ew'gen Lebens! —
Die graue Wolke malt schon Morgenröthe,
Die Erde wird schon licht, am Berg', im Thale —
O Sonne, komme nicht! — Ich fleh' vergebens!
Sie grüßt der Vögel Lied, des Hirten Flöte,
Und sie bedankt sich rings mit goldnem Strahle;
Und ich, ich grüße sie mit Thränen,
Verschließe in der Brust mein Wähnen,

Und wandle düster über Wies' und Matten,
Im doppeltreizbar tiefen Herzen
Auch doppeltgroße, doppelttiefe Schmerzen;
Und ziehe in des Waldes dunkle Schatten,
Um sie zu fliehn! nicht ihr wo zu begegnen,
Das Auge licht von Hoffnung — der verwegnen!

Canzone, wie? — Die Liebste schickt dich wieder?
Ich beuge mich voll Wehmuth auf dich nieder —
Und sieh, — da steht mit ihrer Hand geschrieben:
„In Stolz verhüllt sich schonend banges Lieben!
Ich weine, so wie du! Doch jene Sonne
Schaut nichts umsonst, nicht dein noch mein Betrüben!
Sie sieht sie schon voraus die schönen Tage,
Darin du mir, wie Träum', erzählst die Klage! —
Doch Alles sieht Sie nicht! — ich glüh', ich zage! —
Der Mond nur sieht — dein junges Weib — vor Wonne. —“

Im Verglänzen der Morgensterne.

Sestine.

Wie viele gab ich wieder an den Himmel,
Seit ich hier wandle auf der schönen Erde!
Ich seh's, sie bleiben aus von Tag zu Tage,
Vergebens blick' ich Nachts zu jenen Sternen,
Und nicht enträthseln kann ich diese Wunder,
Die widerfahren sind der frommen Seele.

Warst du denn immer einsam, liebe Seele?
O nein, nicht längst erst kehrten sie zum Himmel,
Vor meinen Augen selbst geschahn die Wunder;
Wir wandelten zugleich auf dieser Erde,
Wir blickten Nachts zugleich zu jenen Sternen —
O wie so falsch sie sind, die ellen Tage!

Die Todten bleiben aus von Tag zu Tage —
Zu hoffen hört nicht auf die treue Seele;
Der Abend kommt mit seinen schönen Sternen,
Die Sonne steigt empor am Rosenhimmel,
Die tausend Blumen kehren auf die Erde —
Und in den Wundern hofft die Liebe Wunder!

Und nimmt dein Schicksal denn so sehr dich Wunder?
Aus sonnigem Gespinnst bestehn die Tage,
Und immer Sterbliche nur trug die Erde!
Doch unsichtbare Schwingen hat die Seele.
Sieh, fertig schon umwölbt auch dich der Himmel,
Und schon bestrahlt dich Glanz von jenen Sternen!

Und weinst du nur zu den geweihten Sternen!
Geschehn nicht unaufhörlich alle Wunder?
Seit jener Zeit geschlossen wär' der Himmel? —
Gedulde dich noch gern die kurzen Tage,
O allzu treue, allzu bange Seele,
Dann senkt man dies Gebein auch in die Erde.

Dann lebe wohl, du neugeschmückte Erde!
Du lebe wohl, o Nacht, mit deinen Sternen,
In heil'gen Schlaf versenkt entschwebt die Seele. —
Doch leb' ich noch, und fasse kaum die Wunder:
Wie Taubenflügel, angeglänzt vom Tage,
Dehnt seine Morgenwolken aus der Himmel!

Wie stärkt die Nacht mit Glauben an den Himmel!
Ach, welche Liebe flammt sie in die Seele!
Und welche Hoffnung träuft wie Thau zur Erde!

Die Welt macht Schlaf.

Sestine.

Die Mutter trägt ihr Kind hinaus zum Frühling,
Zeigt ihm die Blüthenbäume rings, die Blumen,
Zum erstenmal! und Wolken, Berg und Sonne —
Doch von dem Glanz geblendet, von den Liedern
Der Vögel ganz berauscht und von den Düften,
Lehnt sich's an ihre Brust und sinkt in Schlummer.

Und dort, versenkt in einen tiefern Schlummer,
Begräbt man einen Greis im hellen Frühling!
Was liegt Berauschendes doch in den Düften?
Was Sinnbetäubendes in Erdenblumen?
Was Schlummerbringendes in Frühlingsliedern?
Was hast du Tödtliches an dir, o Sonne?

Als Kindern nur gehörst du uns, o Sonne,
Wahrhaftig an! Da ist uns Schlummer: Schlummer
Wir staunen tief den nie gehörten Liedern,
Wir leben draußen ganz im schönen Frühling
Und unsere Geschwister sind die Blumen,
Kaum daß die Nacht uns trennt von ihren Düften.

Dann tritt die Menschenwelt aus Nebeldüften,
Hoch in den Aether steiget uns die Sonne!
Mit Füßen treten wir die armen Blumen,
Wir sehnen uns am Tag, und Nachts im Schlummer,
Vergebens naht dem schweren Sinn der Frühling,
Er wird uns alt mit seinen alten Liedern!

Nur wann wir lieben, ruft uns aus den Liedern
Der Geist der Welt noch einmal, aus den Düften!
Den Himmel dann bedeutet uns der Frühling,
Nichts ist sie, sie bedeutet nur die Sonne,
Der Glückliche verwünscht sogar den Schlummer,
Nur Liebeszeichen sind uns noch die Blumen.

Zuletzt bedeuten uns sogar die Blumen
Nichts mehr! Wir hören in der Vögel Liedern
Nur alter Tage Stimmen wie im Schlummer;
Ein bang Erinnern weht uns aus den Düften,
Vergangner Tage Bild nur bringt die Sonne,
Verlorne Wonne däucht uns nur der Frühling! —

O Kind! entschlafen kannst du hier im Frühling?
O Greis! — begraben kann man dich in Blumen?
Und auf sie beide lächeln kannst du, Sonne!

Neun Lieder.

Heimkehr in die Jugend.

Könnt' ich, so wie ein Wandersmann
Heim — in die Jugend gehn,
Klopft' ich an unsrem Häuschen an,
Das ich nicht mehr gesehn.

„Bist du es, mein geliebtes Kind?
Wo warst du denn so lang?
Tritt ein! Hu, draußen saust der Wind!
War dir nach uns nicht bang?"

Ach, bange, bang; drum kehr' ich heim
An eure Feuerstatt.
Die Mutter bringt mir Honigseim:
„Mein Sohn, nun iß dich satt!"

Ich schau' in jedes Bett hinein —
Da, schläft der Vater fort!
Da, die Geschwister! lieb und klein!
Ich schlaf' am alten Ort!

Vergessen ist der lange Schmerz,
Mir ist so wohl, so wohl!
In Freude schwimmt das Kindesherz —
Im Schornstein saust es hohl!

„Ach, wäre nur die Nacht vorbei!“
So seufzt die Mutter still,
„Dann seh' ich ihm in's Auge frei
Und frage, was er will!“

Doch scheint die Sonne früh, — so bald,
Da ist mein Traum dahin.
Ich lieg' auf falbem Laub im Wald,
Haus, Alles ist dahin!

Der Rasen deckt die Lieben zu,
Kein Köhlchen glimmt am Heerd —
Sie schlafen — tief, in tiefer Ruh,
Und auf mir liegt die Erd!

„Ach, wäre nur die Nacht vorbei!“
Seufz' ich am Tage dann.
Fern gellt der Todtenglocke Schrei,
Die Sonne sieht mich an!

Die Jahre.

Die Jahre führen uns her zum Schmaus,
Dann stoßen sie grob uns aus dem Haus,
Die Jahre, die Jahre, die Jahre!

Sie führen uns sacht zur Liebsten ein,
Drauf betten sie uns in der Nacht allein,
Die lieben, die leidigen Jahre!

Erst bringen sie uns das braune Haar,
Dann bringen sie uns die schwarze Bahr,
Die falschen, die wechselnden Jahre!

Die Allesschenker die spielen sie gern,
Sie sind die allergnädigsten Herrn,
Die jungen, willkommenen Jahre!

Die Wiedernehmer die spielen sie gern,
Sie sind die allergestrengsten Herrn,
Die alten, verdrüßlichen Jahre!

Drum bleibt mein Trinkspruch für immerdar:
Was kümmern mich heut in diesem Jahr
Die Jahre, die Jahre, die Jahre!

Der lustige Vogel.

Ich bin der lustige Vogel
Von früh bis in die Nacht,
Und singe wieder von neuem,
Sobald ich nur aufgewacht.

Mir geht der Himmel voll Lämmer!
Da singt es, da bläst es Schalmei!
Da hängt es voll Kränze! — da bin ich
Mit Lerchen auf Wolken dabei.

Mein Herz schwimmt immer in Freuden,
Wie lacht die Sonne mich an!
Nicht Einem hab' ich ein Leides,
Wohl Manchem Liebes gethan.

Niemanden bin ich was schuldig,
Denn niemand borget mir was:
Drum leb' ich froh wie der Vogel,
Und wie die Blumen im Gras.

Die lieben Blumen sie haben
All' keinen Leichenstein,
Und meiner wird, wie ihrer,
Der grüne Rasen sein.

Zieht dann am thauigen Morgen
Der Jäger über die Heid,
Da wird um sie ihm so bange,
Da wird ihm um mich so leid!

Er steht, und blickt in die Wipfel —
Da singt es, da reget es sich! —
Das ist der lustige Vogel!
Der lustige Vogel bin Ich!

Unvergeßliche Liebe.

Kann Eines der Liebe vergessen?
Wo muß sein Herz wohl sein?
Ich habe weinen gesessen —
Auf seinem Grabesstein!

Er hat mich ja nicht vergessen,
Er schlief nur weinend ein,
Drum hab' ich wachen gesessen
Auf seinem Grabesstein!

Wie Jemand doch kann verschwinden
Aus solchem Sonnenschein,
Das träum' ich bang zu ergründen
Auf seinem Grabesstein.

Kann ich je der Liebe vergessen?
Wo muß mein Herz wohl sein?
Da — wo ich schlummern gesessen —
Tief unter dem Grabesstein.

Trost der Nähe.

Im grünen Thal, da steht ein Haus,
In tausend Rosen verborgen,
Das grüß' ich, zieh' ich zu Wald' hinaus,
Von fern an jedem Morgen.

Dort lagr' ich am Quell mich still in's Gebüsch,
Da flattern und bauen die Finken,
Da kommen die Rehe, munter und frisch,
Die sehen mich an, und trinken.

Die Mutter des Reh's, die zwingt nicht ihr Reh,
Den häßlichen Wolf zu freien!
Die Drosseln thun dem Kinde nicht weh,
Mit dem Liebsten sich zu entzweien.

Im grünen Thal, da steht ihr Haus,
In tausend Rosen verborgen,
Das leuchtet mir, zieh' ich von Wald' heraus —
Sie steht in der Thür, voll Sorgen.

Sie grüßt mich nicht, sie dankt mir nicht,
Sie fühlt in der Brust, was ich leide!
Wir sehn uns stumm in das blasse Gesicht,
Dann weicht sie zurück — und ich scheide.

Der große strahlende Abendstern
Glänzt über ihr Nachts in der Kühle,
Er blickt auch zu mir, wie schau' ich ihn gern
Vom naßgeweinten Pfühle!

Wohl harrt auch ihr Kind mein, lauschend im Thor,
Die Händchen voller Rosen;
Da bleib' ich stehn, da läuft es hervor,
Da kann ich ihr Töchterchen kosen!

Das ist der Mutter Auge und Gruß,
Ihr Umschlingen, fest, wie der Winde;
Das ist der Mutter Lippe und Kuß!
Ihr Herz zu mir — in dem Kinde.

Weit offen steht mir das Land und die See —
Was ist, wo ich Sie nicht sähe?
Sind Zweie getrennt, und leiden sie Weh,
Da sei es, zum Trost, in der Nähe!

Die Erwartung.

Hier sitz' ich am Gartenpförtchen
Im goldenen Abendschein;
Hier bist du hinausgegangen —
Wann kommst du hier wieder herein?

Du bist von mir gezogen
In die weite Welt hinein;
Ich weinte dir bittere Thränen
Ich weine sie noch allein.

Du bist nicht wiedergekommen,
Weil Tod die Herzen zerbricht,
Du hast nicht die Treue gebrochen,
Ich breche die Liebe dir nicht!

Sie kommen alle wieder,
Die Sterne, der fehlende Mond!
Ihr süßes Wiederkehren
Das bin ich so süß gewohnt.

Wann alle Sterne zergehen,
Wann droben der Himmel zerbricht,
Wann Tod und Liebe gestorben,
Dann kommst du — und dann noch nicht!

Bei goldenem Abendscheine
Ach, sitz' ich und harre dein;
Hier bist du hinausgegangen —
Wann kommst du hier wieder herein?

Der Regenbogen.

Der Schiffer.

Rolle deine Wogen,
Meer! so wie geflogen
Führt das Schiff, ihr Segel, fort
Nach der fernen Küste Port,
Daß ich eher kehre!

Weite Meereshallen,
Schön durch euch zu wallen;
Auf der Sonne Silbersteg
Gleitet rein der Kiel hinweg,
Frisch die Brust umspület.

O der süßen Stunden,
Als ich dich umwunden,
Wie uns Wonne ganz durchfacht
In der dunklen sichern Nacht,
Ach, in deinen Armen!

Auf den blauen Wogen
Steht ein Regenbogen
Hochgewölbt, und strahlt und brennt
An dem schönen Firmament,
Kühl im Meer noch glimmend.

Siehst du auf den Wogen
Ruhn den Regenbogen,
Liebes Kind, so denke mein!
Ewig, ewig bleib' ich dein,
Liebe lebt unsterblich.

Der Bogen der Liebe.

Die Braut.

Rolle deine Wogen,
Meer! dahinbetrogen
Segelt' er im Schiffe fort
Nach der fernen Küste Port,
Ohne Wiederkehren!

In den grünen Hallen
Liegt er auf Korallen
Und die Sonnensäule ruht
Silberleuchtend auf der Fluth,
Die ihn nie gesehen.

O mein holder Knabe,
Meine einz'ge Habe —
Wie das klare Aug ihm rollt,
Und die Härchen sind wie Gold —
Süßer lieber Knabe!

Auf den blauen Wogen
Steht der Regenbogen —
Ach, nach ihm, der flammt und brennt
An dem schönen Firmament,
Langt sein Kind mit Händchen!

Seh' ich auf den Wogen
Dich, o Regenbogen,
Todtes Herz, so denk ich dein!
Ewig, ewig bist du mein,
Liebe lebt unsterblich.

Brautfahrt.

Der trauernde Schiffer.

Der Mond, da erscheint er aus Schleiern,
Er breitet sie aus auf das Meer;
O komme du auch, du Verlorne,
So helle mir wieder daher!

Ich brachte das Brautgeschmeide,
Die weichen Dunen — o du!
Wo ist dein Hälschen zur Kette?
Zum Ringe dein Händchen dazu?

Zwei Fichten blühn auf dem Hügel
Da harrt mein Haus nun allein;
Der Weg hinauf schimmert vergoldet,
Wann ziehn wir da Beide hinein?

Ich blicke nach dir in die Tiefe
Wenn Sonne sie aufgethan,
Drin seh' ich mein blasses Antlitz
Das weine ich Einsamer an.

Ich werfe das Netz in die Fluthen,
Als fing' ich dich da aus dem Grab,
Beschaue die zappelnden Fische
Dann lass' ich sie wieder hinab.

Den Abend nun mußt' ich doch kommen!
Entgegen mir, zog dich die Nacht, —
Dein Kahn, der ist wiedergekommen,
Dein Hündchen, — es bellt in die Nacht.

Dort blitzt ein schweres Gewitter,
Laut donnert's im Windegebraus;
Ein Schrei vom Meere? — Du rufst mich!
Hinaus, in den Sturm hinaus!

Die Jungfrau.

„Herz! Laß dir den Nachen am Steine,
Laß tosen die wogende See;
Was dich nur leise versehret
Thut mir in der Seele ja weh!“

„Ich fuhr zu getrost dir entgegen,
Ein Schiff nahm rettend mich auf;
Nun sei mir am Herzen umschlungen!
Nun komm' in dein Haus hinauf!“

„Hier hast du mein Händchen zum Ringe,
Da nimm dir zum Gürtel den Leib!
Hier bring' ich die Freude zum Leben,
Hier hast du die Liebe zum Weib.“ —

Der Schäfersſohn.*)

Der Edelmann ritt zum Thor hinaus,
He — — — he!
Der Schäfersſohn trieb ſeine Lämmer aus,
Falteri, faltera! :,:

Der Edelmann der nahm ſein Hütlein ab,
He — — — he!
Er bot dem Schäfer einen guten Tag,
Falteri, faltera! :,:

Ach, Edelmann, laß dein Hütlein ſtohn,
He — — — he!
Ich bin ja nur eines Schäfers Sohn,
Falteri, faltera! :,:

---

*) Als ein Wiegenlied, wenigſtens 200 Jahre in unſerer Familie, hier aufgenommen. Es hat die ſchönſte Melodie.

Bist du denn nur eines Schäfers Sohn?
He — — — he!
Und gehst in Sammet und Seide davon,
Falteri, faltera! :,:

Was geht es den stolzen Edelmann an?
He — — — he!
Wenn es mein Herr Vater bezahlen kann!
Falteri, faltera! :,:

Der Edelmann faßt' einen grimmigen Zorn,
He — — — he!
Er ließ ihn werfen in äußersten Thurm,
Falteri, faltera! :,:

Ach, Edelmann, laß meinen Sohn am Leb'n!
He — — — he!
Dreihundert Stück Ducaten die will ich dir geb'n,
Falteri, faltera! :,:

Dreihundert Stück Ducaten sind gar kein Geld!
He — — — he!
Dein Sohn muß liegen im weitesten Feld,
Falteri, faltera! :,:

Ach, Edelmann, laß meinen Sohn am Leb'n!
He — — — he!
Dreihundert Stück Lämmer die will ich dir geb'n,
Falteri, faltera! :,:

Wenn du mir willst dreihundert Stück Lämmer geb'n,
He — — — he!
So will ich deinem Sohne meine Tochter geb'n,
Falteri, faltera! :,:

Wär' deine Tochter von Ehren so fromm,
He — — — he!
So bekäme sie nicht eines Schäfers Sohn,
Falteri, faltera! :,:

Legenden, Balladen und Fabeln.

Das Bettelkind.

Gott Vater saß in guter Ruh
Und sah der lieben Erde zu.
Ein Andrer hätte nichts gesehn,
Vielleicht auch nicht ein Hüttchen stehn,
Weil eben Abenddunkel war,
Nur Schnee und Sterne funkelten klar;
Jedoch ein liebend Herze sieht
Was seinen Lieben wo immer geschieht.
Drum sah auch vom Himmel eine Frau
Mit feuchten Augen, doch jetzt genau,
Ihr armes Kind auf Erden gehn
Mit Bettelbrod, bei Sturm und Wehn,
In schlechtem Kleidchen, schlechten Schuhen,
In altem Tüchlein, ohne zu ruhen
Und fror — und ging doch, in Fried und Ruh,
Zu Nacht verstoßen, der Fremde zu,
Und seufzte nur hinauf zu den Sternen:
Wo ihre Mutter da wär' im Fernen?
Und blieb in der Kälte vor Freuden stehn
Indeß ihr die Augen übergehn.

Da spricht die Mutter im Himmel droben,
Zum Vater, den die Engel loben:
Ach, siehe das gute Töchterchen mein,
Ich wünschte, du nähmst es in Himmel ein!
Sie hat keinen Menschen auf der Welt,
Nur das Bettelbrod, das ihr Händchen hält,
Sie hat kein Bettlein, nicht Laub noch Stroh,
Und doch verläßt sie auf Gott sich froh!
Und darum, ach, verlaß sie nicht Du!
Gib mir zur Seligkeit sie dazu,
Da hätte ich sie, da hätte sie mich,
Ach, himmlischer Vater, erweise dich!
Dir kann ja Keiner das Gute wehren,
Du kannst ihr nichts Lieberes als dich bescheren.

Da drängen die Engel sich schon heran,
Gut Werk das hätte gern Jeder gethan.
Doch der himmlische Vater spricht in Fried':
Versucht mir erst des Kindes Gemüth.

Und flugs fort eilt ein Engel hinab —
Und begegnet als Bettler, alt am Stab,
Dem armen Kind mit seinem Brod
Und grüßt: Mein Kind, ach, segne dich Gott!
— Ich — muß heut hungrig zu Bette gehn —
Gute Nacht! —

Da bleibet das Mädchen stehn,
Sieht matt ihn wanken in stummer Noth
Und ruft ihm nach: Da hast du mein Brod!
Der kehrt, und nimmt es und segnet sie:
„Verlaß dich auf Gott, der verläßt dich nie."

Und wohler wird ihr zu Muthe darauf
Und dankbar blickt sie zur Mutter auf.

Doch mit dem Tüchlein voll Bettelbrod
Kommt der Engel in Himmel und tritt vor Gott.
Die Mutter möchte das liebe Brod
Gern kosten! Doch wird sie feuerroth,
Denn der himmlische Vater in seinem Schooß
Bewahrt das Tüchlein und achtet's nicht groß.

Er winkt nur. Und zum zweiten hernieder,
Schon fliegt ein Engel zum Kinde wieder —
Und tritt als armes Knäbchen ihm vor,
Das barfuß ging und klappert und fror.
Das sieht das gute Kind und spricht:
Warm hielt mich das Röckchen, ich friere nicht —
Das nimm du als Mäntelchen, nimm die Schuh,
Ich bitt' dich, nimm auch das Tüchlein dazu!
Und zieht ihm die Schuh an, vor Eifer stumm,
Und giebt ihm das Röckchen als Mantel um,
Ja sie muß ein Stück mit dem Knäbchen gehn,
Wie lieb ihm Mantel und Schuhe stehn!

Drauf mit den Schühlein, dem Röckchen und Tuch
Kommt wieder der Engel zum Himmel in Flug.
Die Mutter weint die Schühlein an,
Die machte dem Kind noch ihr guter Mann!
Doch der himmlische Vater in seinem Schooß
Bewahrt sie zum Brod, und achtet's nicht groß.

Er winkt nur. Und zum dritten hernieder,
Fort schwingt ein Engel zum Kinde sich wieder —

Und setzt sich erstarrt, halbnackt und erbleicht,
Als kleines Mädchen hin, eh' sie den Steg erreicht.
Das sieht sie jetzt weinen! und weint davor,
Und spricht zur Mutter getrost empor:
Ach, meine Mutter, wenn ich das wär',
Du gäbst mir das Herz aus dem Leibe her!
Und in's Dunkle tritt sie hinter den Zaun,
Daß der Mann im Monde sie nicht soll schaun,
Und legt dem Mädchen ihr Hemdchen hin.
Das sieht sie an mit verwandeltem Sinn,
Und wächst — und wird ihr größer im Sehn
Und wird ein Engel glänzend und schön
Und schwebt — und hebt sie mit sich empor,
Begleitet von singender Engel Chor,
Und legt Gott Vater das Linnen in Schooß
Und der Mutter giebt er ihr Kind so bloß,
Und die Mutter weint, die ihr Kind bedeckt,
Und das Kind weint laut, vor Freuden erschreckt,
Die Engel lächeln in Gnüg' und Ruh,
Und der himmlische Vater sieht dem zu:
Nun hab' ich euch beiden: euch beide beschert,
Was Fromme wünschen, das ist schon gewährt;
Heil dem, wer gute Versuchung erfüllt!
Doch fromm ist der nur, der sich bewährt.
Wer wohlthut, der hat immer zu geben,
Wer das Letzte giebt, der giebt erst eben;
Nur wer nichts werth ist, vertraut auch nicht,
Der behält sein Gut wie die Nas' im Gesicht. —
Du aber, *mein Kind*, nun krümle das Brod,
Hinab für die Armen, zum Dank für die Noth,
Und wirf die Schühlein und Kleidchen hinab —
Damit ein Kind noch drunten was hab'.

Und wie sie die Brosamen niederstreut,
Da sieht sie: aus jedem Krümchen erfreut
Wohl hundert Brode zur Erde schweben,
Wie Flocken sich dicht zum Schneeball weben;
Und so aus den Fäden des Kleidchens eben,
Viel hundert sich neu in den Lüften weben,
Und aus den Schuhen viel hundert Schuh. —
Da schließt der Himmel droben sich zu.

Doch die Kinder, die früh nach Waldholz gehn,
Die bleiben erstaunt vor den Bäumen stehn,
Wer über und über so reich sie behangen!
Da schüttelt und langt, wer kann erlangen,
Und Jeglichem paßt das Röckchen wie seines!
Und allen Geschwistern noch bringt er eines!
Dann sammeln sie Körbe voll Brod statt Holz,
Und singen nach Hause und thun wie stolz,
Und kommen in duftenden Kleidern zur Mutter,
Die befühlt sie — den schönen Zeug! und das Futter!
Und ein Bettler spricht: Ich merke, ich merk' —
Hier lohnt Gott Einem ein gutes Werk!
Und hätte das Werk ein Kind gethan,
Das nahm er gewiß als sein eigenes an!

Sankt Peter's Gericht.

Legende.

Sankt Peter an der Himmelsthür,
Der Pförtner, hatte für und für
Manch hundert Jahr schon aufgeschlossen,
So Tag wie Nacht gar unverdrossen
Die Thür geölt, daß sie nicht knarrte
Und herein! gerufen, wenn Jemand scharrte;
Nun ward das Harren ihm schier zu kraus
Und mit sich selbst gerieth er in Strauß.

Als mir der Meister die Schlüssel gab,
Da sprach er: Petrus, Gewalt du hab'
Im Himmel und auf Erden, zu binden
So wie zu lösen nach deinem Befinden
Von der Höllen doch schwieg er mit Vorbehalt!
Die Höllen nun raubt mir alle Gewalt!
Denn wer nicht verdammen und strafen kann,
Hat gar nichts zu sagen, der Schlüsselmann!
Drum kommt nun das ganze Menschengeschlecht
Und bittet zu öffnen, mit Fug und Recht:
Ich bin ein Sünder! spricht Jeglicher ärmlich,
Dann muß ich herein ihn lassen erbärmlich!
Das Weltgericht hofft' ich bei Lebenszeit —
Nun bleibt es im Tode noch fern und weit!

Drum mein' ich, des Lebens Gericht ist das Leben,
Wie jeder lebt, so geschieht ihm eben;
Ja, wer bös lebte und glücklich scheinbar,
Dem gebrach ja das Gute, das nimmer sein war.
Ein Böser ist leer, von Gott abständig,
Denn das Himmelreich ist in uns inwendig;
Im Menschen wollt' es der Meister gründen
Als Licht, wo sie mitten darinnen stünden.
Das Himmelreich ist nur nöthig auf Erden,
Der Himmel braucht ja nicht himmlisch zu werden!
Und wie soll die Auferstehung geschehn?
Alle Dinge möcht' ich doch wiedersehn!
Versammelt sie sehn, das Meer von Meeren,
Die Ernte von Ernten, das Heer von Heeren!
Das Alles, was der Herr in die Zeit,
In's Unermeßliche maaßlos verstreut;
Des Vergangenen Schöpfung im großen Zugleich
Das wäre das große, das göttliche Reich,
Ohne Wiederbringung aller Dinge
Ist alles Einzelne kaum geringe!
Denn wachsen dir tausend Ding' aus dem Einen,
Wie kommt da ein Jeglicher einst zu dem Seinen?
Ich meine: die Seligen sind schon da drin!
Und daß ich hier nur so Pförtner bin.

Da stand der Herr selbst ihm ganz nahe,
Der Vater der Menschen in's Auge ihm sahe
Und lächelte seinen Pförtner an
Der erschreckt in die Kniee sank, wie im Bann.

Doch freundlich sprach der Herr und geduldig:
Und währt es lang, bist du nicht schuldig;

Doch sollst du heut eine Probe sehn:
Du selber sollst aus dem Grab' erstehn,
Du, Petrus, sollst den Petrus richten,
Auf welche Art, magst du dir erdichten.
Denn du bist auch noch nicht auferstanden,
Dein Leib liegt vor Joppe in Todesbanden;
Doch zweifle nicht, und ruf' dich herfür,
Nur hier herab aus der Himmelsthür.
Ist nicht jeder Lenz schon ein Wiederbringen,
Vom Schöpfungstag ein Wiedergelingen?
Wenn die Lerchen, wie jene ersten, singen,
Fühlst du jenen Tag nicht an's Herz dir dringen?
Sahst du im Frühling nicht einst die Reben,
Das schlechte Holz, sich grün erheben?
Sie wissen, sie ahnen kaum ihr Leben,
Wie sollten sie wissen die Trauben zu weben?
Und aus Luft und Wasser, das sie umquillt,
Wirkt sie dennoch nach verborgenem Bild
Die Trauben so neu und alt und natürlich,
Daß sie der Sperling erkennt verführlich;
Und bring' ich hervor erst alle Dinge,
So wiederbring' ich sie leicht und geringe;
Drum geb' ich dir Macht dich jetzt zu erwecken.

Sankt Peter erhob sich, gefaßt aus dem Schrecken,
Und rief zur Himmelsthür hinab:
Sankt Peter! Steh' auf aus deinem Grab!

Und siehe, da bebte der Erde Grund
Und auf that hell sich ein Grabesmund
Und zitternd schwankte Sankt Peter, der Greis,
Hervor mit dem Haupte silberweiß,

Der fiel erstaunt auf sein Angesicht
Und rief: Herr! führe mich nicht ins Gericht!

Und droben ruft Petrus: Da kommen noch mehr!
Das Grab ist noch von dem Einen nicht leer!

Und siehe, da wanken wohl fünfzig Greise
Aus dem einen Grab, ernst, fromm und leise;
Sie kommen aus allen seinen Tagen
Wie in jedem er war, und da sich getragen,
Und jeder Geist ist Sankt Peter wieder,
Die Petri stimmen an heilige Lieder.

Und droben ruft Petrus: Da kommen noch mehr!
Das Grab ist noch von den Fünfzig nicht leer!

Und siehe, da wandeln Männer, wohl Hundert
Noch aus dem Grabe, beisammen verwundert,
Und selber Petrus ist jeglicher Mann,
Die schauen hinauf, schaun Petrum an!

Und droben ruft Petrus: Da kommen noch mehr!
Das Grab ist noch von den Hundert nicht leer!

Und siehe, da streben Jünglinge Tausend
Aus dem Einen Grabe, sie Alle behausend,
Und jeder Jüngling ist Petrus eben
Nur rosig und feurig im Frühlingsleben.

Und droben ruft Petrus: Da kommen noch mehr
Das Grab ist noch von den Tausend nicht leer!

Und siehe, da wimmeln nun Kinder herauf
Aus dem Einen Grab ein unzähliger Hauf'
Und Alle die Kinder sind Petrus als Kind;
Und Petrus schaut nach sich selber sich blind.
Und um die erstandene Petrus-Gilde
Noch schweben all' ihrer Gedanken Gebilde,
Gedanken, schön, häßlich, sündig und rein
Die wollen auch alle gerichtet sein.

Und so muß Sankt Peter sich endlich bequemen,
Das Gericht mit den Seinen nun vorzunehmen.
Mit den kleinen Petern, den Großen, den Alten,
Und sein Herz lehrt ihn das rasch zu verwalten.
Die Kindlein, die er nacheinander war,
Die unschuldige kleine zutrauliche Schaar,
Sie läßt er nur Alle so grad' herein,
Denn das Himmelreich soll das Ihre sein.
Von den Jünglingen stößt er Drei nun aus,
Die er wohl erkannte mit innerem Graus;
Er stößt sich zurück als Mann, der gefreit,
Auch den mit dem Hahn, der weint und bereut;
Ja, wie er sich stolz fühlt am Himmelsthor
Stieg' er selbst gern hinab, und wäre wie vor
Ein Träger des Funkens vom Licht der Welt!

Die Demuth dem himmlischen Vater gefällt,
Er ruft empor die Verstoßenen Alle,
Und heißt sie eingehn zur Himmels-Halle;
Und auch der Verräther, da krähte der Hahn,
Schwebt feuerroth vor Scham heran,
Und drückt dem Himmelspförtner die Hand
Und eilt zu dem Meister drin, wo er verschwand.

Nun, Petrus? — spricht der Herr voll Huld,
Im Himmel hab' himmlische Geduld!
Und die ich geschaffen nach meinem Bild,
Wie aus der Rebe die Traube quillt,
Die sind mein Geist, mein Lieben, mein Leben,
— Wie Jene so deine Geschwister eben —
Und will ich einst All' in den Himmel nehmen,
Wirst du dich wohl müssen zum Schlüssel bequemen!

Der Gast.

Legende.

Der Herr Jesus von dem Himmelszelt
Einmal niederschaut auf alle Welt,
Wie alles mag so schön bestehn,
Und sieht herfür die Sterne gehn,
Blickt auch hinab zur geliebten Erden,
Wo es eben Nacht begunnte zu werden.
Da sieht er die Leut' um die Tische treten,
Die Hände falten, sich neigen und beten:
Komm', Herr Jesu, sei unser Gast,
Und segn' uns, und was du bescheret hast!
Da fühlt er gerührtes Neigen, einmal
Wieder zu wandeln im Erdenthal,
Und selber an den Menschen zu spüren,
Ob sie es auch redlich mit ihm führen.

Also aus einer Ecken im Wald
Tritt er hervor in Bettlersgestalt,
Geht sacht an seinem Stabe fort
Nach dem fast nahe gelegnen Ort,
Und kommt an eines Reichen Haus,
War grad' ein Fest und großer Schmaus.
Dort stellt er still sich vor den Saal;
Nach ihm fragt niemand allzumal.
Er hört drin lachen, klingen, schwatzen,
Als sei im Haus eine Heerde Spatzen;

Hört reden, was keines Gemüthe bessert,
Noch eines Menschen Nutzen vergrößert,
Und sprachen sie, gemahnt es ihn so,
Als dröschen die Drescher nur leeres Stroh.
Drob er verwundert lang gestanden,
Spricht er zu Einem, ihm zu Handen:
Ihr habt den Herrn Jesum zu Tisch gebeten,
Nun komm' ich armer Bettler getreten,
Und führ' euch seine Worte an:
Was ihr mir thut, habt ihr ihm gethan.
Da scheint's, sie werden ihn erst gewahr;
Es fährt auf ihn ein der Diener Schaar.
Hinaus mit dir, du schlimmer Geselle!
Und treiben ihn aus von Flur und Schwelle;
Ja Einer thät die Hund' auf ihn hetzen,
Doch diese den Herren nicht verletzen.

Nun sinnt er nach, wie ihm geschehn,
Und sinnt bei sich im Fürbaßgehn:
Soll er das Haus mit Feuer strafen,
Soll er die Sünder lassen schlafen?
Man kann dem Bösen nichts Aergers thun,
Als ihn im Bösen lassen beruhn;
Doch setzt er ihnen noch Gnade aus.
So kommt er an eines Armen Haus,
Das sieht gar klein und freundlich aus.
Sie essen einen gesottnen Fisch,
Der heut dem Vater in's Netz gegangen,
Und haben's so gut nicht gehabt seit langen;
Ein kleines Hündlein hebet ein Bein,
Das Hündlein will auch gespeiset sein.

Wie da der Herr hinzugetreten,
Und sanft um eine Gabe gebeten,
Das junge Weib aufsteht gewandt,
Und führt den Bettler an ihrer Hand,
Zu ihrem Tisch heißt sie ihn setzen,
Weil sie sich heut an was Seltnem letzen.
Und Aeltern und Kinder wurden satt,
Weil's ihnen der Herr gesegnet hatt',
Und sprachen: Hab' Dank, Herr Jesu Christ,
Daß du unser Gast gewesen bist!
Die Krumen streut sie hinaus zur Linde,
Damit auch das Vöglein Speise finde.

Drauf setzt sich der Vater an's Kamin;
Sein junges Weib kniet zu ihm hin,
Stellt ihm sein kleinstes Kind auf den Schooß,
Und fragt es: Wie groß bist du? So — groß?
Und lehrt's lieb haben den guten Mann,
Der hat gar herzliche Freude daran.
Der Herr sitzt still und sanft daneben,
Er fühlet das Herz sich heilig heben;
Der Menschen Leben und ihre Lust
Ueberwältigt mit Wonne seine Brust,
Es wird ihm wohler, es wird ihm trüber,
Dem Göttlichen gehen die Augen über,
Er wendet in's Dunkel sein Angesicht
Und wehrt den quillenden Thränen nicht.

Die Knaben bringen das Quem pastores,
Und zeigen auf seinen Knieen ihm vor es:
Die Hirten und Engel Nachts auf dem Feld,
Dann, wie ihm das Kind in der Krippe gefällt?

Die heil'gen drei König' mit ihrem Stern,
Gold, Weihrauch und Myrrhn darbringend dem Herrn,
Den jungen Tobias mit seinem Hündlein,
Zuletzt Knecht Ruprecht und Christkindlein.

Nun legt die Mutter den Knaben zu Bett,
Das Vaterunser ihn lehren thät;
So schläft er ein mit nachbetendem Mund,
Die Mutter spricht: Mein Kind, schlaf' gesund!
Dann schafft sie dem Bettler ein Lager herzu,
Die Leutchen wünschen ihm gute Ruh,
Um vor der kalten Nacht geborgen
In der Hütte zu schlafen bis zum Morgen.
Da ruht der Herr nun gern allein,
Es scheint der Mond ihm hell herein.

Und als der Morgen begunnte zu tagen,
Erhebt er sich, sich hinweg zu tragen,
Dieweil verlöschen der Sterne Kerzen,
Und scheidet, sie segnend in seinem Herzen:
Bleibt immer arm, ihr guten Leut!
Den Armen ist Gott nimmer weit;
Stets weich und menschlich fühlt ihr Gemüth,
Wie selten das Herz dem Reichen glüht;
Und dulden sie manches auf Erden gleich:
Den Armen ist das Himmelreich!

Herostratus.

(Geschrieben auf Ephesus Ruinen, 1819.)

Diana's Tempel war geschlossen,
Die Nacht goß ihre Fluth hinein,
Die Säulen schimmerten, umflossen
Von goldner Ampeln stillem Schein;
Und von dem rothen Glanze sprühend
Mit ihrem Haupt der Decke nah,
Stand hehr und wunderseltsam glühend
Diana da!

Die Mutter Aller, reich gebrüstet,
Mit ihrer Wesen Zaubergurt,
Mit Hirsch und Sperber rings gerüstet,
Die Robbe schnarcht, der Löwe schnurrt;
Und Etwas trägt sie hold von allen:
Vom Himmel seines Mondes Licht,
Vom Menschen, Menschen zu gefallen,
Sein Angesicht!

Und göttlich auch, darin zu wohnen,
Prangt überirdisch schön wie neu
Das Wunderwerk der Amazonen,
Ihr Haus, ein zweites Weltgebäu!

Nur eine Priesterin bewachte
Den keuschen heiligen Umschluß:
Doch heimlich mit-verschlossen lachte
Herostratus.

Denn mit der Fackel im Gewande
Nennt er Diana's Tempel sein!
„Durchzogen bin ich viele Lande,
Ein Jüngling, nach des Ruhmes Schein!
Viel Thaten führt' ich aus, verwogen,
Als wär' ich keines Weibes Sohn!
Und hoffte bis zum Sternenbogen
Berühmt mich schon!"

„Doch als ich nie mich nennen hörte,
Da klang es, als ich nach mir frug:"
„„Wer ist das? — doch nicht der Bethörte!
O ja! von dem weiß man genug!
Das ist der Thor, der alle Fahrten
Odysseus redlich nachgeirrt!
Mit Ajax Schwert, voll Rost und Scharten,
Das ihn verwirrt!""

„„Der seiner schönen Bura willen
Die lieber, als ihm Gattin sein,
Ihn klug verschmähend, wußt' im Stillen
Sich der Epheserin zu weihn —
Von Leukade den Sprung gesprungen,
Und seitdem umgeht todtenbleich!
Des Hellespontus Strom durchdrungen
Leandern gleich!""

„„Den kennen wir.““ — — „So lachten alle!
Ich lachte mit, voll Wuth und Weh!
Und wankte in des Traumes Halle
Der Seherin Pasiphae;
Was göttliche Geschichten lehren,
Das trog noch keinen Menschen je.
Entschlummernd rief ich mit Beschwören:
Pasiphae!“

„Und früh beim letzten Sternenglanze
Als ich noch schlief mit regem Sinn,
Da trat ein Traum im Lorbeerkranze
Ein Mann, der Ruhm, leis vor mich hin,
Die Krone funkelnd, doch von Thränen,
Die Füße blut-durchwaten roth,
Und seine Hand roch nach Hyänen,
Die er mir bot.“

„Sein Auge lag in tiefer Höhle,
Sein Leib war abgezehrt und bleich,
Wie ohne Herz und ohne Seele
Die Stimme aus dem Todtenreich;
Und dennoch schwebt' in seinen Zügen
Ein Lächeln, das vom Weinen kam!
Ein schmerzlich wonnebanges Gnügen,
Ein Göttergram!“

„„Das Glück gedeiht nur in der Stille
Bei einem kleinen Eigenthum,
Ein Name tödtet es, ein Wille,
Es flieht vorüber ohne Ruhm;

Vom Leben kommend, schafft es Leben,
Die Liebe schützt's, weil's Liebe ist!
Man kann's genießen, nicht erstreben
Mit Menschenlist.""

„„Doch dies Geheimniß, ruhmgezogen,
Verschmähst du! falsch nur klommst du an!
Wer nachahmt, ist um Ruhm betrogen,
Ruhm blühet nur auf eigner Bahn!
Sahst du dort Hektor's Hügel schimmern,
Und Ilions Höhen, frischbeblümt?
Weil Ilion sank in Schutt und Trümmern —
Drum ist's berühmt!""

„„Gäb's keinen Tod und kein Verderben,
Gäb's keinen Ruhm und keinen Held;
So können Menschen tödten, sterben,
Und überschwänglich wird die Welt!
Doch Einen Werth hat drum das Leben,
Weil es den Tod als Krone beut,
Ein Sel'genreich wird, drin zu schweben
Zum Gott geweiht!""

„„Doch dort auch groß und schön zu strahlen,
Sei groß und schön im Geiste hier!
Den Himmel kann der Mensch nicht zahlen,
Nur durch die Götter dauern wir!
Drum mit dem Göttlichen vermählen
Muß sich, wer Göttern ähneln will;
Noch Jeder kann sein Schicksal wählen
Wie einst Achill.""

„„Ja, wer die Götter nur berühret
Mit kecker rascher Menschenhand,
Wird ein, in Chronos Saal, geführet
Umschlungen von demselben Band;
Die schöne zarte Aphrodite
Ritzt kaum nur Diomed — sie weint,
Ihr Blut wird ihm zum gold'nen Kitte,
Der sie vereint!““

„„Und selbst Homer ist eingedrungen,
Der sie nur sang! Ein Name leicht,
Ein schöner Ruhm wird schwer errungen,
Auf zweien Wegen beid' erreicht:
Wer Gott sich nennet, Götter lehrend —
Und wer sie läugnet und nicht glaubt;
Wer Schönes schafft — und wer zerstörend
Der Welt es raubt!““ — —

„Da wacht' ich auf! — Was sollt' ich wählen?
Hatt' ich genug des Ruhmgewichts?
Doch, Göttlichers mir zu vermählen
Als Diana's Tempel, sah ich Nichts!
Die Reichste mißt ihn ohne Mühe!
Mir gilt's den Himmel! Ihr ein Haus!
Die Fackel zünd' ich an, und siehe —
Sie löscht ihn aus!“

„Die Cedern loh'n, die Winde heulen,
Zerstörend bau' ich mir ihn auf;
Aus allen diesen tausend Säulen
Flammt Eine Riesensäul' hinauf!

Die Blöcke bersten, sie zerkrachen,
Das Erz zerrinnt zum goldnen Fluß,
Und Keiner soll dir stehn und lachen,
Herostatus "

„Und wer Diana's Namen nennet,
Nennt meinen staunend in der Welt!
Ich fühle, wie die Gluth mich brennet
Tief unter diesem Sternenzelt!
O nicht umsonst will ich sie haben
Die flücht'ge, doch furchtbare Macht
Des Menschen! Der nur wird begraben —
Mein Nam' erwacht!"

„Denn Etwas — Alles ist der Namen,
Ein Tag, der nur der Sonn' entquillt!
Ein Palmenbaum aus Palmensaamen!
Ein Wesen, und des Wesens Bild;
Die Iris, noch auf Helios Grabe,
Der Phönix, der der Asch' entrauscht,
Ein weiß gewordner alter Rabe
Der blind noch lauscht;"

„Die Königsmumie, die in Friede
Fortglänzend, einst der Welt getrutzt!
Die Fledermaus der Pyramide,
Die später Wand'rer Fackel putzt;
Ein Marmorbild, deß Gott versunken,
Doch der es war! Nichts zeugt der Schein!
Dies Haus zu zünden, nur als Funken,
Mußt du es sein!" — — —

So schleicht er schweigend aus dem Dunkeln,
Das Werk, als Letzter, noch zu schau'n,
Und sieht — er sieht Diana funkeln,
Mit Schaudern und mit heil'gem Graun,
Die drunten waltend, waltend droben
In ruhig=großer Majestät,
Voll Abscheu ihre Händ' erhoben,
Ihm wehrend steht!

Da sinkt er zu der Göttin Füßen
Gebeugt und überwunden hin,
Die schnöde Frevelthat zu büßen,
Die er gebrütet schwer im Sinn —
Doch plötzlich hört er Tritte schallen!
Er birgt sich hinter dem Altar;
Es naht — es flüstert aus den Hallen —
Es ist ein Paar!

Er sieht: ein Mädchen ziehet lüstern
Und schmeichlerisch die Priesterin
Mit starken Armen aus dem Düstern
Zum Altar der Epheserin!
Auch Sie hält, küssend, ihn umschlungen.
— Den Mann verräth sein Ungestüm —
Und von der Kypris Rausch bezwungen
Erliegt sie ihm.

Er hört der Liebe süßes Stammeln,
Ihr Schweigen wird Verbrechen nun!
Und als sie scheu sich wieder sammeln,
Sich selig müd' in Armen ruh'n,

Spricht sie: wenn das Diana sähe!
Mein Koon, weh, nur einen Kuß!
Und der, den ich um dich verschmähe:
Herostratus!

Empört, mit kaum verhalt'nem Grimme
Erkennt er Bura! — und er weint;
An ihrem Wort, an seiner Stimme
Erkennt er Koon, seinen Freund!
Die Göttin mahnt ihn: „Räche, räche
Den Gräuel!" — und er ruft hervor,
Als ob Diana aus ihm spreche
Zum Sünder-Ohr:

„Weh! — Weh! — Weh euch! — Ihr Frevler, zittert!
Die ihr den Tempel frech entweiht!
Diana sah! laut murrend wittert
Der Sturm her, Blitze zum Geleit,
Die euer schuldig Haupt zermalmen!
Der Rächer naht mit schnellem Fuß;
Und denkt, wenn heiß die Flammen qualmen:
Herostratus!" —

Sie liegen bleich, und schreckverworren;
Da zündet er die Fackel an,
Zu Asche ihr Gebein zu dorren
Wird Rache seines Ruhmes Wahn.
Daß ihm der Ausgang sie bewache,
Steckt er in Brand das Cedernthor,
Die Palmentreppe zu dem Dache
Springt er empor.

Dort, auf des Giebelfeldes Spitze,
Schaut er dem Tempelbrande zu —
Die Flammen stechen durch, wie Blitze,
Er singt ein Lied in stolzer Ruh.
Schon halbversengt und blind vom Rauche
Hört froh er, wie das Dach sich hebt!
Und graus die Schreienden, im Bauche
Der Gluth begräbt.

Da schlagen ungeheure Flammen
Zum Himmel, roth ihn hüllend, auf;
Ganz Ephesus steht dumpf beisammen
Und starrt hinein, und staunt hinauf;
Da ruft er laut, den Sprung zu wagen,
„Mich schaue, Volk von Ephesus!
Wer das gethan? — Ich kann's euch sagen:
— Herostratus!"

Das Todtengericht.

Des Lebens Bild lebet fort.
Pindar.

Durch Memphis hallt es: Der König ist todt!
Doch bleibt er auch todt uns verpflichtet;
Nach Trismegistus uraltem Gebot
Wird heut er am See gerichtet,
Und wie er lebte, wie er war,
Wird allem Volke offenbar,
Heut wird der Mantel gehoben!

Und auf thut sich des Palastes Thor,
Drin Aegyptens Könige thronen,
Und feierlich schwebet ein Zug hervor:
Jünglinge mit Sistern und Kronen,
Geweihte Weiber folgen dann,
Sie blicken schweigend himmelan
Und falten die Hände zur Sonne.

Doch über des Königs Mumie liegt
Sein purpurner Mantel gebreitet,
Den goldenen Scepter darauf gefügt,
Der wundersam funkelt und deutet!
Vier schwarze Stiere ziehn ihn fort
Zum furchtbar-schauerlichen Ort,
Sein Urtheil dort zu empfangen.

Und um den vergoldeten Wagen gehn
Die Priester mit Stäben, in Schleiern,
Die Gebete summend zur Erde sehn,
Sobald die Posaunen feiern;
Herolde schreiten weit voraus
Und rufen ernst durch Memphis aus:
Kommt, euern König zu richten!

Fort! eilet zum See Acherusia!
So murmelt es dumpf in der Menge:
Durch's Mumienfeld sind wir eher da,
Und meiden der Wachen Gedränge;
Der Hierophant im Sarg' und Flor,
Der stellet ihn den Richtern vor.
So ziehn sie hinauf in Schaaren.

Da sitzen die vierzig Richter bereit,
Geschmückt mit der Wahrheit Bilde,
Und hoch auf des Seees Gestad' und weit
Umher auf dem Felsengefilde
Harrt todtenstill schon Jung und Alt,
In heil'ger Frühe hergewallt,
Und schwebt mit den Blicken im Fernen.

Da lagern die Männer aus Sais geschaart,
Aus Theben mit hundert Thoren,
Dort, die Heliopolis Mauer bewahrt,
Da, welche Tentyra geboren;
Und jede Stadt im ganzen Land
Hat Einen doch zur Schau gesandt,
Ihr göttliches Recht zu bekunden.

Und schimmernd ruhen über dem See
Die elysäischen Felder,
Dort schrecket der Tempel der Hekate,
Da wehn ihre schaurigen Wälder,
Das Labyrinth droht ernst und schwer,
Und still vom stillen Lethe her
Schifft Charon näher und nahe.

Und kaum hat die Menge den Fährmann beschaut,
Der gelandet im traurigen Nachen,
Da wird es vom Nil her lauter und laut,
Wie die Wogen des Meeres erwachen;
Doch schnell verstummet, wer es sah,
Wie groß und nichtig ihm geschah,
Vom Glanze der Bahre getroffen.

Es treten die Weiber, die Priester herein
Mit ernstem, gehaltenem Schritte,
Und räuchern und sprengen, und beten und weihn,
Und stellen die Bahr' in die Mitte;
Die Jünglinge, für jedes Land,
Des Gottes Sinnbild in der Hand,
Stehn rosig umher um den Todten.

Wen bringt Ihr uns — fraget der Richter Chor —
Zu der Isis Tempelstufen?
Da hebet der Priester den Mantel empor,
Da ertönt ein bewunderndes Rufen;
Des Todten bleiches Angesicht
Beschaut der ew'gen Sonne Licht,
Und die Sphinx mit göttlichem Lächeln.

Wir bringen den stillen König euch her,
Wo Jeder gleich ist — zum Seee,
Er braucht nur noch Eins, ein Grab — nichts mehr,
Doch wie Ihr ihn richtet, geschehe!
Zu seiner Strafe, seinem Lohn,
Zur Scheu und Ehrfurcht vor dem Thron,
Dem Volke zur Freud' oder Rache.

Vollendet empfanget ihr ihn, wie er war,
Erlegt von Osiris Geschossen;
Sein Himmel ist aus, seine Erde, sein Jahr.
Sein mächtiges Walten geschlossen!
Kein Gott schenkt' Eine That ihm jetzt,
Und nähm' ihm Eine! unverletzt
Ehrt Isis so ihre Todten. —

Da ersteht aus den Richtern ein Silbergreis
Und mahnt die Versammlung mit Ernste:
Wer Gutes und Böses vom Könige weiß,
Und sei's der Geringste, der Fernste,
Der trete vor, und rühr' ihn an!
Das Todtenamt ist aufgethan,
Und jegliche Zunge gelöset.

In Linnen gewickelt ruhet er arm,
Gefordert von Thron und von Ehren!
Die Kraft der Sonne macht ihn nicht warm,
Er kann sich die Fliege nicht wehren!
Todt ist er, schaut! — in Isis Schooß
Kehrt nun der Mensch, allein und bloß,
Und die Götter nur können ihm helfen.

Das Urtheil über die Todten ist frei,
Und sei auch der Todte ein König;
Nur vor den Unsterblichen traget Scheu,
Wer vor Menschen sich scheut, den verhöhn' ich!
Weh dem, der falsches Zeugniß zeugt!
Weh dem, der Wahrheit arg verschweigt!
Er tödtet im Grabe den Todten.

Und stockend hört es die wogende Menge,
Schaut auf den Richtling, und schauet sich um;
Und heimlich fragt es sich dumpf im Gedränge,
Doch Jeglicher schweigt, und bleibet stumm. —
Und wieder fragt er Weib und Mann:
Klagt Niemand seinen König an? —
Da schweigt es nur tiefer umhinnen.

Und fordert dringender: Herr oder Knecht,
Wer mußte vom Könige dulden?
Wem hielt er nicht Wort? Wem verhielt er sein Recht?
Wem blieb er verpfändet mit Schulden?
Wem that er wohl? Der schweige nicht!
Den König richten ist uns Pflicht,
Wir richten zum Heile des Volkes! —

Sie wissen, spricht endlich der Hierophant,
Nichts Böses, noch Gutes zu sagen!
Hier stehn die Feldherrn, Allen bekannt,
Die seine Schlachten geschlagen;
Die Freiheit gilt der Völker Blut,
Ihn zwang zum Bau nur Wasserfluth,
Er konnte kaum Altes erhalten.

Was ist's, wenn Alltägliches täglich gelingt
Mit des Reichs unermeßlichen Schätzen?
Wer Großes und Herrliches viel vollbringt,
Muß Manchen erfreun und verletzen —
Doch zuckt kein Mund, kein Aug' wird naß!
Und gilt's sein Grab, so lob' ich das:
Er war beglückt von den Göttern!

Da hält das Volk den Athem verkürzt
Vor dem Richterspruche mit Bangen:
Wird er in die Felsengruben gestürzt?
Wird er zum Grabe gelangen?
Denn unbestochen richten sie
Und unerbittlich Jeden hie
Und der Gute nur wandelt hinüber.

Zu herrschen ist unverdientes Loos,
Erhebet der Richter sich wieder,
Vom Himmel fällt in der Könige Schooß
Die funkelnde Krone hernieder;
Selbst Weisheit und Gerechtigkeit
Bezahlen nicht das Purpurkleid,
Noch nicht das Vertrauen der Götter!

Die Sonne ist der Könige Bild!
Nicht prangt sie so hoch zum Spiele:
Sie erleuchtet, und lenkt, allmächtig und mild,
Die Kräfte der Erde zum Ziele;
Sie zwingt sie, Blumen vorzuthun
Und kann im Grabe noch nicht ruhn,
Ihr den Himmel mit Glanze zu schmücken.

Zwar was der Mensch auch Gutes geübt,
Das können nur Götter ihm lohnen —
Doch wer nicht geschaffen, nicht thätig geliebt,
Deß können wir Richter nicht schonen!
Und Er war König! büß' er schwer
Der Krone Loos mit Grabesehr!
Wie die Pflicht groß, ist das Gewicht groß.

Da berühret den Todten ein dienender Greis,
Und spricht: Nun Ihr schon ihn gerichtet,
Erlaubt es mein Herz, ach, es machte mir heiß,
Doch zur Wahrheit sind wir verpflichtet.
Ich bin ein Sklav' aus Babylon,
Treu dient' ich seinen Aeltern schon,
Ihn rettet' ich einst aus dem Nile.

Da verhieß er mir dankbar über ein Jahr
Den Tag der Freiheit zu sehen!
Doch ist's, da er mein so gewohnet war,
Aus Liebe — bis heut nicht geschehen.
Das Volk bezeugt, daß dem so sei.
Der Richter ruft: Geh, du bist frei!
Vollstreckt, was die Urne gesprochen!

Da werden die Priester zu Schergen, da wird
Sein purpurner Mantel zerrissen,
Sein Scepter zerbrochen, der splitternd klirrt,
Sie werfen die Kronen zu Füßen.
Und jeder steht, als ob er schlief',
Und schämt sich statt des Königs tief,
Und preiset das Loos der Kleinen.

Und siehe, da regt sich die Mumie sacht,
Und zuckt, und dehnt die Gewänder,
Wie im Lenze die Chrysalide erwacht,
Still drängt sie und sprenget die Bänder;
Und wie die braune Hülle springt,
In goldnem Unterkleid sie blinkt,
Und richtet sich auf in der Bahre.

Die Priester fasset Entsetzen und Graus,
Bleich stürzen die Nächsten zur Erde,
Die Nahen drängen die Fernen hinaus
Mit wehrender Schreckensgeberde;
Die Weiber hüllen fest sich ein,
Der Kühnste starrt ihn an, wie Stein,
Dumpfmurmelnd: Wer hat ihn erwecket?

Da rufet die Stimme: O fliehet nicht!
Ich bin euer König, und lebe!
Ein wacher Zeuge von meinem Gericht,
O sehet, ich weine, ich bebe!
Doch besser jetzt in Schmach vor euch,
Als ewig einst im Todtenreich
Mein Bild mit Schande beladen!

Da fassen sie Muth: O seht ihn, er weint,
So lebt er! — ihr flohet vergebens —
Denn wenn ein Kind auf Erden erscheint,
So weint es zum Zeichen des Lebens!
Drum nahet, helft ihm! ach, er weint,
Ein König hat ja keinen Freund,
So hören wir, wie es geschehen.

Ja, spricht er, ein König hat keinen Freund!
Doch hatt' ich eine Geliebte,
Die groß und unsterblich mit mir es gemeint,
Wenn begnügt ich an Kleinem mich übte!
Und war ich fröhlich — weinte sie,
Und deutete mir spät und früh
Nach dem See und den Pyramiden!

Denn ein edles Weib ist göttlicher Art,
Sie ist Feuer der Helden und Leben!
In ihr ist das Schönste der Erde bewahrt,
Wen sie lieben soll, muß es erstreben!
Aus Furcht für mich sann sie die List:
Stirb! überzeug' dich, wie du bist,
Und höre die Stimme des Gottes.

Denn Alle wissen, wie Einer ist,
Klar steht er da, wenn sie es sagen!
Drum hört' ich euch, was ihr vom Könige wißt,
Dem Lebenden frommt noch dies Wagen;
Was Rechtes, Wahres, Großes lebt,
Wohin der Gott mit Menschen strebt,
Beim Volke kannst du's erfragen.

Und ein heller, ein tosender Jubel wird kund,
Hoch sieht man die Hände sich heben!
Froh schallt aus der Todtenrichter Mund:
O König, es sei dir vergeben!
Das Gute schaff' auf deiner Bahn!
Dem Herrscher künd ich Großes an,
Der Wahrheit hört, und ihr opfert.

Da winkt er Rhodope, die schöne, heran,
Mit ihren und seinen Knaben,
Und nimmt sie zu Memphis Königin an,
Und der Isis weihet er Gaben.
Im Triumphe begleitet das Volk ihn zurück,
Und wünschet sich laut zu dem Könige Glück,
Der Weisheit kaufte für Wahrheit.

Helena.

In der Willkür der Atriden
War die hohe Trojerstadt,
Ihnen nun von Zeus beschieden,
All des Mordens müd' und satt;
Und den beutesücht'gen Händen
War Aeneas kaum entflohn,
Selbst, den Tod von sich zu wenden,
Bot Andromache den Sohn.

Menelaos nur noch spähte
Nach des Sieges schönstem Lohn:
Helena! so ras't' er, flehte,
Helena! um meinen Thron!
Sieh, da schleppen die Gebundne,
Krieger, schlagend mit dem Speer
Die im Tempel Aufgefundne,
Dicht Verschleierte ihm her!

Und in erster Wuth verloren
Will, vom Rachegeist entflammt,
Er sein falsches Weib durchbohren,
Von der all das Elend stammt.

Doch zuvor noch einmal sehen
Muß er sie, vor ihrem Grab!
Und mit alter Liebe Wehen
Reißt er ihr den Schleier ab.

Und er sieht ihr Antlitz offen,
Und er starrt ihr in's Gesicht,
Reglos, wie vom Blitz getroffen,
Götter, er erkennt sie nicht!
Und er zürnt und droht erbittert:
Welch ein Weib habt ihr gebracht? —
Helena! so wahr sie zittert!
Nur berührt von Chronos Macht!

Und nun staunt er ihr erschrocken:
Hin der Wangen Rosenschein,
Weiß in ihre schwarzen Locken
Mischt sich Kummerhaar schon ein!
Ausgelöscht der Augen Feuer,
Und der Arme Fülle schwand,
Die die Heuchlerin, ihm theuer
Einst, um seinen Nacken wand! —

Falsche Götter, die ich höhne,
Eure Schwüre löſ't ihr so!
Iphigenia, die schöne,
Opfert' ich Euch, hoffnungsfroh,
Laut den Erdkreis rief ich munter,
Zehn Jahr bettelt' ich um Macht!
Zehn Jahr Völker ihr hinunter
Stürzt' ich in des Orkus Nacht!

Götter auf den eitlen Thronen,
Keiner nenne euch gerecht!
Strafen könnt ihr, doch nicht lohnen —
Menelaos lohnt ihr schlecht:
Eine Göttin raubt dem Gatten
Kypris! und, zum höchsten Glück,
Nicht mein Weib, nur ihren Schatten
Gebt ihr spottend mir zurück!

Also in des Lebens Spiele
Streiten wir mit jungem Muth,
Halten kämpfend im Gewühle
Stets im Aug' ein inn'res Gut;
Aber ach, indem wir streiten
Um den früh geträumten Lohn,
Und uns endlich ihn bereiten —
Ist verwandelt er entflohn!

Könnt' ich Hektor wieder wecken,
Könnt' ich Ilion wieder baun,
Und Achill, das schöne Schrecken,
Und Sarpedon wieder schaun —
Wahrlich, zehn wie diese Schlange
Gäb' ich für zwei Rinder hin!
Doch der Käufer, Truges bange,
Führte seine Rinder hin! —

Und er schüttelt, wild zu sehen,
Seiner Locken sonnig Gold,
Die ihn männlich-schön umwehen
Wie er mit den Göttern schmollt!

Hohes Mitleid in den Zügen
Würdigend kaum hinzusehen,
Stolz, voll Männerkraft und Gnügen
Läßt er sie verachtend stehn.

Die Verbrecherin, voll Zagen,
Vor dem schrecklichen Gemahl
Scheu die Augen aufzuschlagen,
Schämt sich jetzt — zum erstenmal!
Nichts beschämt das schönheitsfrohe
Weib, wie viel auch Schmach ihr kam,
Nur, wenn ihr die Jugend flohe,
Ruft sie, schön zu sein — die Scham.

Agamemnon naht ihm milde,
Rührt ihm sanft die Schulter an:
Bleibst du immer uns der Wilde?
Bleibt dir deiner Stärke Wahn?
Mit den Göttern rechte nimmer,
Nimmer mit Vergänglichkeit!
Denn du strahlst im höchsten Schimmer,
Deiner Ehre Tag ist heut.

Deiner Gattin stille Treue
Floh unwiederbringlich hin;
Keine Thränen, keine Reue
Stell'n sie rein dir her im Sinn;
In dem Reich der Schatten lebet
Ihre himmlische Gestalt!
Sie, die Sterbliche, verschwebet
Sterblich, alternd, älter, alt.

Nicht um Schönheit oder Jugend
Zogen Fürsten mit dir aus,
Nicht um lose Weibertugend
Zog das Volk in Streit und Saus!
Nicht um Helena gestorben
Ist Achill, uns zornentwandt:
Ruhm nur hat er sich erworben!
Hektor fiel dem Vaterland!

Wo des Lebens Ströme rinnen,
Stürzt das Volk sich wild hinein,
Lust und Leben zu gewinnen,
Schöne Fraun und Gold und Wein.
Du nur strittst um Ehre! — wieder
Kämpften wir sie uns zurück,
Alles haben gute Brüder
Ja gemeinsam: Leid und Glück!

Und im ganzen Erdenkreise
Ist nichts Edlers als der Mann!
Daß er stark sei, gut und weise,
Reicht nicht an die Götter an;
Schönheit theilt er mit Cythere,
Und ihm lischt sie langsam aus;
Doch, als Sterblicher, an Ehre
Geht er Göttern selbst voraus!

Jedem ist sein Recht geschehen,
Göttern selbst; die Schönheitskron
Bleibt für Aphrodite stehen,
Und zerstört bleibt Ilion.

Nimm dein Weib — als Siegeszeichen!
Jeder freche Bube zagt;
Stumm in deinem Hause schleichen
Wird sie, reuig, schuldzernagt. —

Helena sinkt ihm zu Füßen.
Und so zeigt er sie dem Heer!
Also möge jede büßen,
Wie mir diese! donnert er;
Alles kann ein Mann verlieren:
Herrschaft, Recht, und Weib und Pflicht,
Alle Güter, die ihn zieren —
Aber Ehr' und Rache nicht!

Thetis.

Täglich bei des Morgens Grauen
Tauchte Thetis aus dem Meer,
Ilion's Höh zu überschauen,
Der Achäer Zelt' und Heer;
Und sie sieht den Schwarm der Krieger,
Thier und Menschen gleich geplagt,
Den Besiegten und den Sieger,
Der den Schmerz der Wunden klagt;
Fluren leiden, Berg und Wald,
Der von ihren Aexten hallt.

Wer ist glücklich? spricht sie leise,
Wenn es nicht die Kön'ge sind?
In der Menschen weitem Kreise
Herrschend, über Weib und Kind!
Gut und Leben für sie wagen
Muß das nichtige Geschlecht,
Ihrer Lüste Rache tragen
Und ihr Wink schon gilt als Recht;
Selbst der Armen kleinen Ruhm
Streichen sie als Eigenthum.

Sieh, da hadern wild erhoben
Selbst die Könige im Streit!
Agamemnon sieht sie toben
Und Achill, der stolz ihm dräut!
Und Thersites schleicht dazwischen
Von Empörern rings erregt;
Auf die Kön'ge hört sie zischen,
Bis ihn selbst Odysseus schlägt!
Wer ist glücklich? — traur'ge Pflicht! —
Denn die Kön'ge sind es nicht!

Glücklich, glücklich sind nur Brüder,
Die ein Mutterschooß gebar!
Spricht sie eines Morgens wieder,
Denn sie nimmt die Ajax wahr.
Aber, wehe! Ajax Leben
Tödtet Ajax Bruderschwert!
Und mit Widern und mit Beben
Trinkt das Blut die Muttererd'.
Und sie ruft, wie sie's erblickt:
Freunde nur sind stets beglückt!

Und am stillen Meeres-Teiche
Wandelt eines Nachts ihr Sohn,
Weinend um Patroklus Leiche,
Seinen Freund verlor er schon.
Und er fleht nur neue Waffen,
Hektor glänzt in seinen her
Rache wird er selbst sich schaffen,
Denn den Tod verachtet er!
Und sie seufzt von Schmerz erdrückt:
Nur die Todten sind beglückt!

Aber sieh, Hephästus Werke
Heben flügelnd ihn empor,
Schrecklich fühlt er seine Stärke,
Hektor fällt am Skaier Thor;
Und den Vaterlandes=Retter
Schleift er graus um Ilion's Wall
Nackt und blutend! und die Götter
Schaun's und jammern seinen Fall.
Thetis sieht ihn bang und spricht:
Glücklich sind die Todten nicht!

Glücklich in der Erde Landen
Ist allein ein schönes Weib!
Freund' und Feinden, einverstanden,
Heilig ist ihr Götterleib! —
Da, zu Zeus, des Gast's Altären
Rettet Helena sich hin!
Denn die Wittwen, wie Megären,
Schmähen sie: Mann=Mörderin! —
Nur der Sieger ist beglückt,
Ruft sie, der den Krieg erstickt!

Doch mit Opfern, ungeheuern,
Wird der Sieg, das Recht erkauft!
Ihren eignen Sohn, den theuern,
Sieht sie, starr, ihr Haar zerrauft,
In der Gluth zu Asche fallen!
Angezündet an dem Brand
Ilion in Rauch aufwallen,
Und die Götterstadt verschwand!
Und der Sieger Schiff' und Fracht
Schlägt Poseidon's Zorn und Macht!

Und sie flieht die Todten-Höhle
Trauernd zum Olymp empor.
Glücklich keine Menschenseele!
Glücklich nür der Götter Chor:
Mit der Weisheit Schild Athene,
Here's Macht im Sieges-Preis!
Aphrodit' in ew'ger Schöne,
Und der Gott der Götter, Zeus!
  Selbst der Becher ist beglückt,
  Den er in den Händen drückt!

Ueber irdische Geschicke
Hoch erhoben und den Tod
Leben sie in ew'gem Glücke
Ueber aller Menschennoth,
Ueber allem Erdenleide
Hoch, von keinem Schmerz gedrückt,
Bangen Thränen, blassem Neide,
Allem Wandel weit entrückt!
  Endlich in der Götter Haus
  Ruh' ich von dem Jammer aus!

Doch auch da, was muß sie sehen,
Waltet Eris Schlangenbrut!
Denn um Ilion's nackte Höhen
Zürnet seiner Schützer Wuth!
Wie sie leiden, wie sie weinen,
Spottet Leto, Here lacht,
Im Olymp erst wird, dem reinen,
Wild der Hader angefacht!
  Bis den Becher, den er drückt,
  Zeus nun unter Alle schickt.

Und erschrocken und mit Zagen
Ruhn sie; Here nur noch tobt,
Vater Zeus muß selbst sie schlagen,
Und er sitzt erschöpft — gelobt!
Nun erst ruht sie Haders müde
Und sie weint geschloßnen Blicks! —
Nirgend also, nirgend Friede!
Nirgend eine Statt des Glücks!
  Selbst kein Himmel ohne Erd'!
  Ist das Menschenvolk das werth?

Nicht gehört die Welt nur Göttern!
Ohne Träger herrscht nicht Zeus!
Helden giebt er sie und Spöttern,
Thoren, Bettlern, Kindern preis!
Zeus selbst muß die Wolken thürmen,
Die die Hütten ihm gesandt;
Todte betten, Götter schirmen,
Die des Menschen Wahn verbannt!
  Und kein Berg ist ohne Thal,
  Und kein Gott ist ohne Qual!

Schweigend, dumpf auf seinem Sitze,
Dämmert jeder Gott allein —
Und, Apollon an der Spitze,
Treten jetzt die Musen ein!
Süß aus ihrer Saiten Golde
Strömet Frieden in ihr Herz!
Sanft weint Thetis nach, und holde
Sehnsucht wird, ein Traum, ihr Schmerz!
  Selbst auf ihres Sohnes Grab
  Lächelt selig sie hinab.

Denn sie singen: wie sie stritten
All die Helden, was geschehn;
All die Götter, was sie litten,
Können sie im Bilde sehn!
Schicksal, Tod und Todtenhügel,
Alles wird ein schöner Wahn,
Reizend aus des Liedes Spiegel
Schaut ihr eignes Bild sie an!
  Und sie sind's, und sind es nicht,
  Wahrheit alles, und Gedicht.

Thetis sieht mit Wohlgefallen
Ruhn die Götter, Wonn' im Blick.
Phöbus ist der Gott vor Allen!
Nur das Schöne ist das Glück!
O ihr Musen, Götter mögen
Selbst euch Hekatomben weihn!
Ihr bekränzt mit Zaubersegen
Sie, und was da lebt, allein;
  Todte weckt der Zither Klang
  Und sie leben im Gesang.

Und so hoffe auf der Erde
Auch der Mensch Vergötterung!
Daß sein Schmerz ein Labsal werde,
Schön einst in Erinnerung.
Was ihm streng war, wird ihm milde,
Göttlich lebt was irdisch schwand
Und nach seinem eignen Bilde
Streckt er sehnend einst die Hand!
  Leben ängstet, Kunst verklärt;
  Alles stirbt — das Lied, es währt!

Sappho und Phaon.

Darf noch Sappho dir sich nahen?
Zürnst du? — ich bin wieder da!
Phöbus, deine Augen sahen
Was ich that, was mir geschah!
Abgefallen, abgefallen,
Himmlischer, von dir, von dir,
Lebet' er nur, er von allen,
Nur der Götterschatten mir!

Die ich wie die Schwalbe fröhlich
Unter jedem Dache sang,
Wie die Frühlingslerche selig
Mich durch deinen Himmel schwang,
Wenig Speis' in grünen Saaten
Lieblich da verborgen las,
Wie die Nachtigall, verrathen
Durch ihr Lied, in Büschen saß.

Leicht, in unverdeckter Schlinge,
Fing er lockend mich, wie sie!
Daß ich in der Hand ihm singe,
Mit dem Flüchtling flüchtig zieh'

Ihn bestach der Ruhm des Weibes,
Ihn der Preis der Dichterin;
Hielt der Reiz des jungen Leibes,
Nicht Apollon's Priesterin!

Und auch süß, doch kurz, bestrickte
Mich des Weibes Eitelkeit,
Die sich dem, den sie entzückte,
Sinnlos sich vergeudend, weiht!
Weiblich hat das Weib gefehlet,
Schönheit=stolz wie Helena;
Schwer es büßend, schamgequälet
Knie' ich dir auf immer da!

Einem, Einem zu gehören,
Sei's der Schönst', ein halber Gott!
Einen lieben, Einem schwören,
Thorheit, Wahnsinn, trunkner Spott!
Eros Binde um die Stirne,
Zeus urschöne Welt nicht sehn!
Einen Traum nur im Gehirne
Blind und rasend untergehn!

Nicht des reichen Geistes Blitze
Sah er, nur den schönen Leib!
Und ermüdet vom Besitze
Floh er — nur das Erdenweib!
Da, da zeigte dein Erbarmen
Mir die kleine Leidenschaft!
Denn sein stürmisches Umarmen
Band auch meiner Flügel Kraft!

Ausgedürstet, ausgewüthet,
Nach der Liebe süßer Lust,
Was der Jugend Jugend bietet,
Hat die schönheitstrunkne Brust;
Wie den Flammendurst der Becher
Stillt, der Blitz sich selbst verzehrt,
Nüchtern wieder sich der Zecher
Zecht, der Most sich helle gährt!

Welche Last ist mir entnommen! —
Einmal war ich nur ein Kind,
Das in Iris Thor zu kommen
Athemlos sich lief im Wind!
Das, vom Anschaun ungerühret,
Stets die schönsten Blumen brach;
Bitter sie zum Munde führet,
Oder pflanzt' im Beetvermach.

Das die volle Frühlingserde,
Baum und Häuschen, Thal und Berg
Mit dem Hirten sammt der Heerde,
Wie ein zartgeschnitztes Werk,
Kindisch wünschte heimzutragen,
Wie's auf goldner Schüssel stand!
Mitzuziehn im Sonnenwagen,
Auf nach ihm die Händchen wand!

War ich denn dem Schönen näher,
Nahe, als wir fest umarmt,
Lipp' an Lippe weh und weher,
Brust an Brust wie Schwän' erwarmt?

Und genoß ich da noch, trunken,
Seinen himmlischen Gesang?
Da in Nebelgluth versunken,
Seinen Wuchs und Göttergang?

Schönem nahst du mit dem Fuße
Nicht, dein Arm es nicht erwirbt!
Nie besessen im Genusse,
Schmähst du's frech, es flieht, es stirbt!
Mit dem Danaiden-Siebe
Schöpfest du der Sonne Bild!
Doch ein Andres ist die Liebe,
Und ein Andres, was sie stillt!

Heil'ge Schönheit, bleibe immer
Reizend fern mir! Du, Natur,
Oeffne prangend mir im Schimmer
Deine Thäler, deine Flur,
Und dahinter ziehe luftig
Deiner blauen Berge Macht
Und zu meinen Füßen duftig
Sprosse deiner Blumen Pracht!

Nun in würdigem und reinem
Anschaun, steh' ich in dem Glanz
Alles Schönen, dein' und meinem!
Meiner Lieb' ist's gleich und ganz.
Hier, o hier in meinem Busen
Ruht sein Spiegel, strömt sein Quell,
Selig durch die Gunst der Musen
Schöpf' ich ihn mir frisch und hell.

Heil mir, daß ich Etwas habe,
Mit dem Liebe dauernd lebt,
Dem auch Liebe nicht zum Grabe
Wird, es nicht mit mir begräbt.
Goldne Flügel kann ich schwingen,
Göttern darf ich nahe sein!
Und wenn alle Musen singen
Schweiget Sappho nicht allein.

Meiner Liebe Göttersiegel
Drückt' ich ihm auf seine Brust;
Nur ein todter erzner Spiegel
War er meiner Seel' und Lust;
Ich war seiner Schönheit Sonne,
Ich war seines Herzens Herz,
Mein war seines Lächelns Wonne
Und sein Blick mein Schönheitsschmerz.

Meine Strahlen saug' ich wieder,
Meine Gluthen in mich ein!
Wie der Altmond geht er nieder
In der Wüste ohne Schein.
Ich — ich bleibe zu beglücken
Glücklich selbst noch überreich,
Und Begeisterung und Entzücken
Flammen in mir ewig gleich.

Nieder rausch' ich in die Wasser
Wie ein sprühend-glühnder Stahl,
Und ich kehre wieder — blasser,
Aber rein von meiner Qual!

Denn das Gift aus Eros Pfeilen
Weg spült Amphitrite's Schooß;
Wer von Liebe sich will heilen,
Ist schon halb der Liebe los!

Neugeweiht durch diese Stunde
Wählst du mich, im Herzen dein,
Wieder keusch zu deinem Munde
Und zur Schwester mich die Neun!
Allen edlen Seelen theuer
Kennt das Volk mich, was ich bin,
Stolz an meiner Lieder Feuer
Wieder deine Priesterin!

Tausend Sonnen voller Glanze
Schaun mich aus der Zukunft an,
Lockend mit dem Lorbeerkranze,
Eines neuen Lebens Bahn!
Kundig werden meine Schwächen —
Und mein Sieg, der Phaon reut!
Denn gerechte Götter rächen
Schuld auch, die der Mensch verzeiht! —

Ruhig tritt sie aus den Hallen,
Lächelnd auf den Felsenhang
Blumen streut sie, und sie fallen
Schwebend, augermüdend lang;
Denn in schwindelnd 'schroffer Tiefe
Ruhet Amphitrite's Schooß,
Und ihr däucht, als ob sie riefe,
Und sie schlingt die Haare los.

Phöbus sinkt; aus Rosengluthen
Wölbt er leuchtend sich ein Grab,
Wölbt's hinunter in die Fluthen,
Ründend, tief wie hoch hinab;
Selbst die Schwalbe stürzt getrogen
In den Himmel drunten sich,
Doch aus den krystallnen Wogen,
Triefend, schwirrt sie wunderlich.

Lieblich schmückt er ihr, zum Muthe,
Selbst das Schrecken, stillbewußt. —
— Freudig zähle stets der Gute
Auf den Einklang jeder Brust!
Jeder Gott kommt ihm entgegen,
Beut ihm freundlich Hand und Macht;
Gutes ist auf allen Wegen
Vorbereitet, vorbedacht.

Also spricht sie; und mit Thränen
Sieht sie Phöbus untergehn;
Seinen Hauch nun, wie ein Sehnen,
Fühlt sie leis ihr Haar umwehn;
Und da hört sie „Sappho!" tönen —
Phaon ist es, der sie ruft —
Und enteilend dem Versöhnen
Springt sie in die dunkle Gruft.

Und er naht, von Schreck gebunden —
Reue trieb ihn zu ihr her —
Er erbleicht, sie ist verschwunden
Und er eilt hinab zum Meer.

Da, vom Schiffer aufgefangen,
Ruht sie auf smaragdnem Gras,
Anadyomene! — Wangen,
Stirn und Lippe blüthenblaß.

Schöner hat er nichts gesehen,
Als ihr Antlitz, ernst und klar,
Schöner nichts, muß er gestehen,
Als den Arm, ihr feuchtes Haar.
Seinetwegen ist's geschehen,
Ihn begrub sie in Gefahr!
Und vor Schmerz will er vergehen,
Da sie einst die Seine war.

Ihre Mädchen, froh geschäftig
Stößt er — selbst Melitta — fort!
Diese zeiht er, laut und kräftig,
Schuldig an dem Liebe-Mord!
Reuig sinkt er ihr zu Füßen,
Er umfaßt den schlanken Leib,
Ihre Lippen will er küssen —
Da erwacht das Götterweib.

Leuchtend kehrt ihr Geist zurücke —
Das ist seine Sappho nicht!
Und er lies't in ihrem Blicke,
Die erröthet, sein Gericht.
Himmlisch über ihn erhoben
Liegt sie vor ihm, sichtbar, nah,
Milden Glanz um sie gewoben —
Doch ihm unerreichlich da.

161

Nun erst hat er sie verloren,
Nun erst schaut er, wer sie ist,
Und verwünscht sich laut, den Thoren,
Der sie um ein Kind gemißt!
Von Anteros Pfeil verwundet
Stürzt er sich in's Meer hinab,
Und wo Sappho leicht gesundet,
Findet er ein schweres Grab.

Die neue Göttin.

Legende.

Ausgestoßen war der Götter Schaar,
Fort aus ihren schönen Tempeln allen,
Und ihr heitrer Dienst auf immerdar
Schwerverdammt und rettungslos verfallen;
Sünde war nun in der Welt und Weinen,
Nur dem neuen Gott, der Zahl der Seinen
Prangten nun Altär' und Hallen.

Der Diana Haus zu Ephesus,
Die auch, um Endymion, bereuet,
Und der Säulen heiliger Umschluß
War nun einer anderen geweihet;
Drinnen hing das Bild der Magdalene
Voller Weibesreiz und Götterschöne,
Die sich süßer Schwachheit zeihet.

Liebetrunken von dem Götterbild
War ein reicher Jüngling, der dort wohnte;
Bis vergehend sich das Aug' ihm füllt,
Hing an der es, die so herrlich throute.
Willst du nimmer mir hernieder steigen,
Woll'n sich Götter nicht mehr menschlich zeigen,
Wie einst Liebe Liebe lohnte?

Bei der Sonne frühem Safranstrahl,
Bei des Mondes stillem Zauberleuchten,
Weilt' er dort bei ihr in Gluth und Qual;
Bracht' ihr Blumen, seine Wangen bleichten,
Bis er's nicht mit Andacht mehr umwunden,
Bis die Priester einst ihn Nachts gefunden,
Und den Armen ganz verscheuchten.

Eines Abends da, beim Badengehn,
Sieht er, sieht, und bleibt wie träumend stehn —
Eine Pilgrim, schmachtend, blaß und schön,
Ganz wie seine Göttin anzusehn!
Auch so sitzt sie, seitabwärts vom Pfade,
An des Meeres murmelndem Gestade,
Unter eines Ahorns Wehen

Soll er nahn, weicht besser er zurück?
Ach, es senkt ihn auf sein Knie zu beten.
Sie erröthet, Wonn' und Scham im Blick;
Und er stammelt, schüchtern nah zu treten:
Sprich, wer bist du? was ist's mit dem Stabe?
„Eine Pilgrim; wallt zum heil'gen Grabe."
— Ach, das hast du nicht vonnöthen!

O was ist noch, das mich zähmt und hält!
Von der Erde bist du nicht, das weiß ich. —
„Niemand hab' ich mehr auf dieser Welt."
Und wie heißest du? — „Maria heiß' ich."
O Maria, bleibe heut und immer!
Sieh, dort neigt sich schon des Tages Schimmer.
„Aber morgen wieder reis' ich."

Nein, Du schaust ja in mein Herz hinein;
War ich doch, eh' ich dich fand, dein eigen. —
„Deine Freundin, mehr kann ich nicht sein."
Nein, Maria, dieser Ring soll zeugen,
Wenn ich dir auch todt je Treue breche,
Daß die Schuld sich auf der Stelle räche! —
Und sie dreht den Ring mit Schweigen.

In den Straßen liegt entlang zur Stadt
Grün gestreutes Laub und manche Blume,
Wo man heut das Bild getragen hat
An dem Festtag aus dem Heiligthume.
Und nun durch der Stadt geheimes Nachten
Folgt sie ihm mit lächelndem Betrachten
Nach dem prächt'gen Eigenthume.

Und sein Haus steht ganz ihr zu Gebot,
Doch sie wählt Ein Zimmer nur von allen.
Wasser ist ihr Wein, und Obst ihr Brod;
Wie ein Geist sanft schwebt sie in den Hallen.
Zarte Blumen sind bei ihr zu finden,
Kinder, welche schüchtern sie umwinden,
Die sie hegt mit Wohlgefallen.

Eine weiße Taube kommt und geht,
Heimlich blickt sie gern zu Mond und Sternen,
Glanz dann bricht aus ihrem Aug' erhöht.
Doch den Jüngling hält sie zart im Fernen,
Gönnt ihm nur den Kuß, zur traut'sten Stunde,
Wie ein Kind, dem offnen kleinen Munde,
Und der Augen Wundersternen.

Ungestillt erwacht er eine Nacht;
Stürme hört er heulend sich erheben,
Hohl aufbraust das Meer, der Himmel kracht,
Güsse rauschen, Blitze sprühn und schweben,
In den Felsen hallt des Donners Grollen,
Schütternd dröhnt die Erde von dem Rollen,
Und er denkt an Tod und Leben.

Ach, wie ist der Mensch so kurz nur da!
Soll die Erde dies Gebild verschlingen?
Und so schön ist sie, so jung, so nah —
Soll ich mich aus ihr nicht neu verjüngen?
So wie ich gestaltet jetzt mag gehen,
Gern möcht' ich die letzten Tage sehen,
In der Erde Himmel dringen!

Denn das Weib ist der Verjüngungs-Quell,
Weiber sind des Erdgeist's Fegefeuer;
Endlich will er dasein schön und hell,
Der Geburt gleich sei die Ehe theuer!
Wer kein Weib nimmt, ist verdammt: vergehen
Muß er, denn er will nicht auferstehen
Immer reiner, schöner, neuer!

Kinder schaun, ist in den Himmel schaun,
Du umarmst dein tiefstes, reinstes Wesen:
Denn das Beßre werden sie erbaun,
Unsre Kinder sind's, die uns erlösen.
Wir versinken: Schuld und Fehl und Mängel —
Kinder sind die Auferstandnen, Engel,
Weltgeist's neuverklärtes Wesen.

Und er rafft sich auf, des Lebens voll,
Blitze leuchten schwebend ihm zum Gange,
Alles schüttert von dem Prachtgeroll,
Doch er geht voll Lieb', ihm ist nicht bange.
Und er findet sie in ihrem Zimmer
Lesend nur bei ihrer Augen Schimmer,
Bei des Donners hehrem Klange.

Fest und stumm ergreift er sie mit Kraft,
Und sie schrickt zusammen, voller Zagen
Fühlt sie seine klare Leidenschaft,
Seine Küsse, sein unbändig Wagen. —
„Laß mich! Anders bin ich nie dein eigen!“ —
Doch er will sie, hebend, stark, mit Schweigen
Auf die Purpurkissen tragen.

Und sie küßt ihn, preßt ihn, ach — auch los
Ringt sie — zittert, glüht in seinen Armen,
Und ihr Aug' strahlt zu des Donners Schooß,
Zweifelt, fleht, und banget um Erbarmen —
Sieh, da flammt ein Blitz auf sie hernieder,
Und er hält, entsetzt, die schönen Glieder
Todt und blaß in seinen Armen.

Und sein Schmerz ist ganz unklagbar groß,
Solchen Wechsel kann sein Haupt nicht fassen —
Erst welch Leid — und dann welch himmlisch Loos!
Böse Erde, weh, ich muß dich hassen!
Solch ein schönes, ganzgelungnes Wesen
Tilgst du wieder weg! Sie soll verwesen,
Und sie duldet es gelassen.

Und der Mensch, er schweigt, er kann nichts thun;
Doch die Schönheit kann ich ewig lieben!
Todt sollst du bei uns Lebend'gen ruhn,
Und so bist du uns ja wie geblieben! —
Drauf an jenes Ahorns heil'ger Stelle
Rasch erhebt sich marmorn die Kapelle
Für den Ruhort seiner Lieben.

Und da ruht der Schatz im Pilgerkleid,
Und dem Engel läßt er Flügel geben,
Auch den frommen Stab ihr links zur Seit,
Will sie wandern, oder will sie schweben;
Einen Kranz in goldnen Haargewinden
Ganz von himmelblauen Hyazinthen
Sieht man ihre Schläf' umweben.

Denn ganz unverwandelt bleibt ihr Leib,
Nachts auch scheint helldunkel die Kapelle,
Geht das Licht aus von dem heil'gen Weib,
Oder strahlt des Ringes Stein so helle:
Dort an ihrem theuern Sarkophage
Sitzt er, sie beschauend, ganze Tage,
Kränzt sie jede Morgenhelle

Einst vom Weinen fühlt er Schmerz im Haupt,
Drückt den Kranz von ihr sich auf das wunde —
Und, sieh da, genesen ist sein Haupt!
Schnell erzählt verbreitet sich die Kunde;
Jedes Tags die Harrenden zu heilen,
Muß man mit der Kränze Wechsel eilen,
Und die Kranken sind Gesunde.

Eine Blinde kommt da, leis und müd',
Aehnlich ganz der Todten anzusehen.
Selbst das Wärzchen auf dem Augenlied'!
Hat die Mutter sich am Bild versehen?
Ist's Diana? — Schickt sie sich den Boten?
Und er kränzt sie mit dem Kranz der Todten,
Zitternd daß sie möge sehen!

Und sie sieht! — sieht sich vor Augen todt!
Doch ihr Schreck entzückt ihn nur unbändig,
Und geendet scheint ihm seine Noth!
Denn die Todte hat er neulebendig.
Mädchen, ruft er, dich muß ich besitzen,
Soll das Leben mir noch weiter nützen;
Sei den Willen mir geständig! —

„Darfst Du mein sein?" — Ja! schau' diese an! —
„Ach auch Todten kann man sich vereiden!" —
Todten zu gehören ist ein Wahn,
Willst du ihnen ihre Armuth neiden? —
„Gieb mir ihren Ring, dann will ich glauben!" —
Wie sich der nicht läßt vom Finger rauben,
Will er mit dem Messer — schneiden. —

Sieh, da zuckt die Hand aus seiner Hand!
Und die Todte schlägt die Augen auf, die blauen!
Und sie schaut ihn an — der's wohl verstand,
Und hin sinkt er todt vor Scham und Grauen.
Und als ob der Flügel Kraft sie trage,
Stellt sie schlank sich auf im Sarkophage,
Spricht sie, himmlisch anzuschaun:

Legt nun ihn an meinen kalten Ort!
Und zum Zeichen soll er nicht verwesen. —
Frei und ruhig schwing' ich mich nun fort,
Ewig dieser Erde zu genesen.
Sinnbefangen liebt ihr die Gestalten,
Doch den Geist vermögt ihr nicht zu halten —
Schein ist alles Menschenwesen.

Die vermißte Braut.

Legende.

O dürft' ich nur den Schleier nehmen,
Der Krone Erbthum sei doch hin;
Ich kann mich keinem Mann bequemen,
Obschon des Hauses Letzt' ich bin,
Ich kann des Herzens Macht nicht zähmen
Mich hält ein unverletzlich Schämen —
Mein Bräutigam ist keusch und rein,
Todt und lebendig bin ich sein!

Mein Kind, dein Wunsch ist nicht zu stillen,
Dein Weinen macht der Mutter Schmerz;
Der Vater gab den strengen Willen,
O Tochter, gieb nun auch dein Herz!
Wie mächtig ist er, den er wählte,
Dem jede sich mit Lust vermählte,
Beharre nicht so sonderbar,
Sieh, selbst die Heilige gebar!

Auch ich als Kind fromm auferzogen,
Sah oft die Himmlischen im Traum;
Nur Sternen war mein Aug' gewogen,
Doch gab ich Irdischem dann Raum.

Du darfst dich wohl dem Manne schicken:
Die frühe fand an Gott Entzücken,
Die wird die Gattin keusch und rein,
Wird einst die fromme Mutter sein. —

Sie weinte fort die Nächt' und Tage,
Sie schloß sich in ihr Zimmer ein,
Ergoß sich in Gebet und Klage,
Ihr Rabe war bei ihr allein.
Wie ihr Begräbniß bang vom weiten
Sah sie das Hochzeitfest bereiten;
Und als das Fest auf Morgen steht,
Da tritt der Bräut'gam zu ihr spät.

Nun bist du mein, bist mein, umschließen
Darf ich dich an die treue Brust!
Was mein ist, sollst du mit genießen,
Froh mit mir alle Lebenslust —
Du weinst? — du weinst in meinen Armen,
Entwindest dich mir ohn' Erbarmen —
Von deiner Schönheit Ueberfluß
Nicht eine Hand, nicht einen Kuß! —

Die Deine kann ich doch nicht werden,
So schön du holder Jüngling bist;
Mein Glück ist nicht von dieser Erden,
Seit früh mein Herz des Andern ist.
Mir ist ein Andrer einst erschienen
Mit Dornenkron' und sanften Mienen;
Zur Braut versprach ich dem mich ganz,
Ihm trag' ich meinen Jungfraunkranz. —

Er sinkt zu ihren Füßen nieder
Gequält von düstrer Liebeswuth,
Umschlinget, küßt die schönen Glieder —
Doch ihre Brust fühlt andre Gluth.
Sie reißt sich los, mit raschen Schritten,
Ihr ganzes Herz recht auszuschütten,
Eilt sie zum Garten, kniet dort hin
Wo einst der Heiland ihr erschien.

Hilf, Jesu, du der Hülfbereite,
Errette mich, ich trau' auf dich!
Maria, du Gebenedeite,
Fleh' du bei deinem Sohn für mich!
Erhör' mein Aug', ich kann nicht beten,
Die höchste Noth ist eingetreten;
O Vater, sieh herab auf mich!
Erhör', errett', errette mich!

Da kam ein Jüngling dargegangen,
Unsäglich schön und wunderbar;
Ein weiß Gewand hielt ihn umfangen,
Sein Antlitz war wie Licht so klar;
Der Mond beglänzte hell die Matten —
Der Jüngling hatte keinen Schatten.
Wie den die Jungfrau nun erblickt,
Zuerst sie wohl vor ihm erschrickt.

Komm' mit in meines Vaters Garten
Hinweg aus deinem Vaterland;
Dort magst du all' dein Leid verwarten,
Komm, Jungfrau, gieb mir deine Hand.

Holdsel'ger Jüngling, wer dich höret,
Dem ist ein jeder Wunsch verwehret;
Hat dich Maria mir gesandt?
Welch Mahl hast du in deiner Hand? —

Laß sein das Mahl! Komm' ohne Zaudern,
Und nichts entsetze dich zu gehn;
Vor Trennung darf ja dem nicht schaudern,
Dem in der Welt zu bang geschehn;
Die jetzt der Erde du verlassen,
Sie sollst du wieder einst umfassen;
Wir ziehen in des Friedens Land
In ew'gen Lenz und Stillestand.

Drauf tagt der Morgen zu dem Feste,
Das Schloß wird reg, die Stadt wird laut,
Hell prangt der Dom, es harr'n die Gäste,
Das Beste fehlt, es fehlt die Braut.
Man sucht im Nahen, forscht im Weiten,
Das ganze Land durchhallt ein Läuten —
Ein Armband fand sich nur am Ort,
Wo sie gekniet — die Braut blieb fort.

Fahrt wohl, ihr Freuden dieses Lebens,
Weh, ohne dich, geliebte Braut!
Nun hab' ich Kron' und Land vergebens,
Wenn dich mein Auge nimmer schaut,
Zu deiner Väter goldnen Särgen
Will ich mich in die Gruft verbergen,
Vor deines Bildes Angesicht
Verlösche meiner Augen Licht! —

Nach langem Sehnen, bangem Leiden
Lag einst er vor dem Bilde todt.
Seit ihrer theuern Tochter Scheiden
Verging die Mutter still in Noth.
Einst mit dem Vater, stumm in Klage,
Verschieden sie an Einem Tage,
Und wurden beigesetzt zur Gruft,
Zu ruhn, bis die Posaune ruft.

Es blieb die Welt im alten Gleise,
Ein neuer Herrscher stieg empor,
Und dies Geschlecht ward still zum Greise,
Gemach sich's aus der Welt verlor;
Die alten Träum' und alten Schmerzen
Verloschen mit dem alten Herzen,
Und Andre wohnten neu nun da,
Wo Altes viel zuvor geschah.

Und dreimal ward das Kind zum Greise,
Und dreimal sich der Greis verlor.
Die Sonne schien so fort, so leise,
Sie ging und kam, und ging wie vor;
Viel Rosen blühten und verblichen,
Viel Wasser rauschten und entschlichen,
Viel Wolken zogen ein und aus,
Und vielmal ging's zur Ernt' hinaus.

Da saß ein Fürst mit Weib und Knaben
Nun in dem Schloß, im Reichsgenuß,
Die pflegten treu den alten Raben,
Den noch die Braut gelehrt den Gruß.

Ihr goldnes Armband, dort gefunden,
Trug nun der Rab' um Hals gebunden;
Hier hing auch, manchmal noch beschaut,
Das Bild von der vermißten Braut.

Da sprach der Jüngling dort im Garten
Zu Einem: Nun ist's an der Zeit!
Führ' heim die Braut in ihren Garten,
Gieb in ihr Land ihr dein Geleit;
Sie liegt da unter Palmen träumen,
Nimm, führ' sie schlafend ohne Säumen;
Wer gehn will in den Himmel ein,
Der muß zuvor gestorben sein.

Da schied er Mitternachts von hinnen
Und trug sie schlafend zu dem Baum.
Spät ward es wach vor ihren Sinnen:
O sel'ger Traum! — ach, nur ein Traum!
Da glänzt die Sonn' am Himmelsbogen!
Die Wolken ziehn, wie je sie zogen!
Noch fließt der Strom, wie je er floß —
Und dort steht meines Vaters Schloß!

Drauf Gott befahl sie ihre Sache,
Und ging zum Thor ein, sinnend-sacht;
Da rief sie an die ernste Wache:
Wer seid Ihr in der alten Tracht? —
Kennst du denn nicht des Fürsten Tochter?
Ihr lügt! der Fürst hat keine Tochter! —
Sie sah ihn an, sie schritt hinein,
Der Mann blieb stehn, als wär' er Stein.

Und durch die sonnerhellten Straßen
Ging sie nach ihres Vaters Haus.
Wie die Begegnenden sie maaßen,
Doch Jung' und Alte wichen aus.
Wohl mancher sprach da zu dem andern:
Die kommt wohl auch von langem Wandern,
Und kommt zu spät um hundert Jahr;
Das Mädchen war doch wunderbar!

Sie stieg nun in des Vaters Schlosse
Die Marmorstufen leicht hinan. —
Wie leer ist's heut von all' dem Trosse?
Mein Bild — wer hat's hierher gethan?
Wie wird die Mutter um mich zagen,
Was wird der strenge Vater sagen,
Der Bräut'gam ist er drinnen hier? —
So thut sie auf des Saales Thür.

Die Knaben, die sich drin vergnügen,
Erheben sich voll Furcht, und schrein:
Die Braut ist aus dem Bild gestiegen!
Sie kommt herein! sie kommt herein! —
Sie laufen, in der Mutter Röcken
Sich vor dem Geiste zu verstecken,
Die Braut! die Braut! — die Fürstin schaut,
Sie starrt — es schaut der Fürst, ihm graut.

Auf ihre Schulter fliegt der Rabe
Und grüßt: „Gelobt sei Jesus Christ!"
Und sieh, das Armband trägt der Rabe,
Das an der Braut der Fürst vermißt;

Und mit Verwundern und mit Grauen
Will keines seinen Augen trauen,
Und todtenbleich und kalt entsetzt
Lang steht sie da, und fragt zuletzt:

Wo ist die Mutter, wenn ihr's wisset,
Die gestern hier den Saal erneut,
Wo ist die Fürstin, die mich misset —
Wer du auch seist — wo ist sie heut? —
Die schläft in ihrer Gruft schon lange! —
O täusch' mich nicht, mach mir nicht bange! —
Ja, die ist lange todt und hin;
Viel Wasser rann seitdem dahin. —

O wehe, weh! wo ist mein Vater?
Der über dieses Land gebeut —
So wär sie todt! — wo ist mein Vater?
Wer du auch bist, wo ist er heut? —
Den hat die Zeit auch weggenommen —
Weh, weh! wo bin ich hingekommen? —
Ja, der ist lange todt und hin,
Viel Wolken zogen über ihn! —

So sind sie alle todt die Lieben!
Zerrissen ist das heil'ge Band.
Was todt war, das nur ist geblieben,
Und was da lebte, das verschwand! —
Und wo warst du, in welchen Landen?
Bist du uns aus dem Grab' erstanden?
Denn jung ist sich dein Sinn bewußt,
Und frisch der Strauß an deiner Brust! —

Laß mich von dem Geheimniß schweigen!
Und ahn' ich's auch, so sag' ich's nicht.
Doch sollst du mir die Särge zeigen
— Verweigre mir die Bitte nicht —
Was ich nicht schaute, daß ich's schaue,
Daß ich den todten Häuptern traue,
Und dort empfah' das Sacrament,
Nach welchem meine Seele brennt.

Und unterdeß, wie sonst vorhinnen,
Trat sie hinaus auf den Altan,
Und sahe mit verklärten Sinnen
Nun bald hinab, nun bald hinan.
Ein thränenlösend Lied im Munde,
Umschaute sinnend sie die Runde
Und staunte tief der Welten Pracht
Und lobte Gottes Rath und Macht.

Zur Messe rief nun hell das Läuten,
Da trat sie wieder in den Saal:
In Gottes Namen laßt uns schreiten! —
Es folgt' ein langer Zug zumal.
Und vor des Domes Hochaltare
Empfing sie ernst das Wunderbare;
Nun stieg sie erst zur Gruft hinein
Bei Rauchwerk und bei Fackelschein.

Hier liegt ihr offen in den Särgen?
Noch fromm gefaltet eure Hand!
Seid mir gegrüßt in euren Särgen,
Die ich auf Erden nicht mehr fand!

Und auch der Bräutigam? — verschonet,
Daß ich mit Jammer euch gelohnet! —
Voll Thränen sank sie dumpfbewußt
Hin an der Mutter todte Brust.

Und „heilig, heilig, heilig!" tönte
Die Stimme vor dem Hochaltar -
„Ist Gott, Gott Zebaoth!" so dröhnte
Das Chor; und weiter sang die Schaar:
Einst stehn wir bei Posaunenschalle
Auf aus den Gräbern, gehn wir alle
Vor Gottes Richterstuhl hinan,
Wie jeder that, wird er empfahn.

Nun schwieg das Chor; und Todtenstille
Ward um die Särge dumpf und feucht.
Noch über ihrer Mutter Hülle
Lag still die Jungfrau hingebeugt;
Und wie sie lang' und lang' gelegen,
Wie sie sich nicht will aufbewegen,
Und wie der Fürst die Händ' ihr bot,
Da war sie starr, da war sie todt.

Gesang der vermißten Braut.

Ach, sie sind alle todt, die Lieben,
An die einst dieses Herz mich band;
Nur einsam bin ich nachgeblieben
Zu schaun, wie Irdisches verschwand!

Wie liebt' ich euch mit heil'gen Wehen,
Die Sonne schien so neu, so klar!
Unsterblich war't ihr anzusehen!
Wie selig, selig ich da war!

Und all' das liebliche Gedränge,
Stets nah in anspruchloser Pracht!
Der Wolken Heer, der Blumen Menge!
Wer hätte das von euch gedacht!

Sieh, andre Kinder nun mit Kränzen
Auf jener schaudernd-alten Flur!
Die Wiesen blühn, die Mauern glänzen,
Und keines ahnt den Wandel nur!

Mich schreckt die Erde, dies Gewimmel,
Die Sonne, die ihr Licht vergißt:
Da, wo wir lieben ist der Himmel,
Wo Lieb' und Seligkeit uns fließt.

Da wo ich war, zu jenen Reichen,
Dort geh' ich freudig nun hinauf!
Laßt mich den stillen Todten gleichen,
Kaum schein' ich todt, so steh' ich auf!

In frommer Anmuth wird sie stehen
Die Mutter im erhofften Glück!
Wie wir geglaubt, wird uns geschehen,
Und froh giebt Christus uns zurück.

Die Ladung vor Gottes Gericht.

„Zu Hülfe! — Mörder! — Verschonet mein Leben!
Ich bin des Königs vertrauter Freund:
Don Benavides!“ — „„Den suchen wir eben!
Dich, welchen das Volk der Mauren meint!
Uns auszurotten hast du ihm gerathen,
Da nimm den Lohn für deine Thaten,
Dein eigenes Schwert, das uns gedroht,
Geb' ewiges Schweigen dir, ewigen Tod!““ —

Und mit dem entrissenen Schwert durchstochen
Schreit Benavides gräßlich=laut.
Die Mauren spotten: „gethan wie versprochen!“
Und fliehn, in der Sturmnacht ungeschaut,
Vom nahen Palast des Königs entrinnend
Durch Martos Straßen das Feld gewinnend,
Durchschleichend mit klopfendem Herzen das Thor,
Sich rettend, zum Drachenfelsen empor.

Auf den Mordschrei kehren die edlen Brüder
Juan und Pedro Carvajal
Vom Heimweg aus dem Palaste wieder
Zur Hülfe bereit mit der Klinge Strahl —

Da sehn sie schon Benavides erblassen,
Den sie bei'm König so eben verlassen;
Beschienen von des Palastes Licht
Erkennen sie ihres Feindes Gesicht!

Sie ziehn ihm, erbarmend, den Stahl aus dem Herzen
Und stehn von dem raschen Tode gebannt;
Da kommen die Diener mit Fackeln und Kerzen,
Da kommt der König, das Schwert in der Hand;
Und liebend an seinen Arm gehangen
Von Furcht für ihn und von Zagen befangen,
Naht seine Tochter zugleich dem Kreis,
Drin steht sie wie die Lilie leis.

„Was nutzt dem Todten das leere Beklagen!“
Spricht endlich der König. „Hört es all':
Ihr habt mir meinen Freund erschlagen,
Ihr stolzen Brüder Carvajal!
Ihr wart ihm Feind'! Ihr seid ergriffen
Auf warmer That! Seht scharfgeschliffen
Das Richtschwert auch! — bei meiner Macht,
Ich räche den Freund, noch diese Nacht!“

Und tiefer redet er sich in die Rache
Und heischt: „Greift, bindet sie, unverschont!
Und zum Felsen empor, wo einst hauste der Drache,
Die grausende Spitze bescheint noch der Mond;
Ich mache Gesetze, Ich bin die Gerichte,
Und keine Gnade vor meinem Gesichte!
Dort sitz' ich zu Recht: — dort stürzt sie hinab!
Dort finden die Freunde der Feinde ihr Grab!

Da wirft sich die Tochter, bestürzt, ihm zu Füßen
Und fleht: „Mein Vater, der Kläger bist du?
Ach, sollen die Ungehörten büßen?
Die du beschuldigt, die strafest du?
Unüberzeugt und unvertheidigt,
Die nimmer das ärmste Kind beleidigt!
Mein Vater, mich fasset ein Grausen um dich,
Erhöre dein Kind — dein Kind bin ich!“

Doch der Vater stößt das Gefäß des Degens
Ihr laut vor die Stirn, daß sie blutet und schweigt,
Und er spricht, nicht achtend des besseren Regens,
„Sie stehen verstummt — Ich bin überzeugt!“ —
„„Sie stehen sprachlos — so flüstert sie leise —
Vor solcher Beschuldigung, solcher Weise!
Sie fürchten nur mir noch weher zu thun,
Drum siehst du sie schwer auf sich beruhn.““

Der König lächelt mit Grimm und höhnet:
„Ich kenne die Menschen; du siehst sie — blind;
Damit dich der Schuldigen Tod versöhnet,
So kommst du mit mir auf die Felsen, du Kind!“ —
Da rufen die Brüder: „Du sollst uns nicht beugen!
Wir sind unschuldig. Gott wird es bezeugen!
Gesetz von nur Einem ist Tyrannei
Auch ob es der menschlichste König sei!“

Der König winkt nur zum Gang auf die Zinnen —
Und alle das schmach-gewohnte Gesind'
Vollstreckt des frechen Willens Beginnen,
Von dumpfem uraltem Gehorsam blind.

Und vom Markt weg versetzt des Einen Wille
Die Menge hinauf in die Bergesstille
Wie Geister; und wie durch Zauberschlag
Wird hoch auf dem Felsen greller Tag.

Und nah hier ziehen die Wolken droben,
Rings funkelt der Sterndom feierlich;
Irr flattern die Adler, hinweggestoben,
Irr bergen die Eulen im Finstern sich;
Und an des geflohenen Wolfes Stelle
Sitzt stumm der König in Fackelhelle,
Und höher noch, hoch auf dem Drachenhaus
Schaun, liebend umarmt, die Brüder hinaus.

Da ergreift sie allmächtig das schöne Leben,
Und plötzlich ist Alles ausgethan,
Die freundliche Erde dahin zu geben
Wird Ernst und Wahrheit auf kurzen Wahn; —
„Dort ruht die Mutter in süßem Schlummer,
Die morgen weint in bitterem Kummer!“ —
„„Dort schläft mein Weib, und mein rosiges Kind!
Die morgen Wittwe und Waise sind.““

„O siehe: ein Mondregenbogen
Steht über unserem Jugendthal
Auf Donnergewölk sanft hingezogen —
Ach, alle Lust vergeht in Qual!“ —
Und Gott anflehend vor Menschengrimme
Ruft Juan mit feierlicher Stimme,
Und die Steine rufen's im Todesgrund —
Zum Könige laut mit begeistertem Mund:

„Ich lade dich vor Gottes Gerichte,
O König, der hier nur König heißt,
Ich lade dich aus dem Traumgesichte
Vor Gottes allesdurchdringenden Geist!
Am dreißigsten Tage sollst du erscheinen
Vor seinem Richterstuhl, dem reinen,
Vor Ihm, der jeden Gedanken kennt,
Und jeden Frevel bei Namen nennt!“

„Und die da, menschlicher Macht enthoben,
Gebaren, wie ohne Menschen und Gott,
Die haben einen Richter droben,
Der haucht ihr Wesen zu Schand' und Spott!
Du, der da sinnlos ein Volk vernichtest,
Sieh zu, wohin du vor Gott dich flüchtest!
Wir bestehn vor Gottes Richterstuhl,
Du aber stürzest zum Höllenpfuhl.“ —

Und eh' sie der Henker gestürzt in die Klüfte,
Schon sind sie verschwunden. Und jeglicher lauscht: —
Ihr Mantel durchsaust die Nebellüfte
Wie ein Adler, aus Wolken sich stürzend, rauscht:
Und in das athemlose Schweigen
Und in das scheue Hin[illegible]rbeugen
Dumpf aus dem Abgrund dröhnt es empor,
Und der Schall zerreißt jed' menschliches Ohr.

Da spricht der König, geheim erglühend:
„Am Ende der Welt ist das Weltgericht!
Mit Einzelnen, ihn vorausbemühend,
Befaßt sich der Vater des Lebens nicht —

Sein Sohn nur richtet dereinst uns alle,
Der einst auch ein Mensch war, wie wir alle —
Ich spreche der nichtigen Ladung Hohn!
Was wäre ein König sonst auf dem Thron!"

Da donnert es leis, tief murrend und mahnend
„Die Ladung drang zu dem Richter empor!"
Und alle beben. — Da treten ahnend
Die beiden Mauren zum König hervor:
„„Wir haben den Benavides erschlagen;
Du sollst dich nicht an die Unschuld wagen!
Denn über die Freunde — träumten wir nicht —
Hier sitzest du rasch zu falschem Gericht!""

Kein Mund antwortet den Mauren erschüttert,
Kein Ritter bewundert den Edelmuth!
Laut donnert es nah, der Fels erzittert,
Dem Könige stockt sein schuldiges Blut;
Laut schreit sein Kind, um den Vater geschlungen,
Und wieder die Hände zum Himmel gerungen;
Die Fackeln verlöschen im Regenguß
Und die Eulen krächzen den höllischen Gruß.

Nichts sagt der König, als: „Geht, sie begraben!"
Dann sitzt er im Finstern fühllos durchnäßt
Bis endlich zum Morgen; umschwärmt von den Raben
Weint bei ihm die Tochter im sausenden West;
Sie fühlt um des Vaters Mord die Schmerzen
Sie trägt die Furcht um den Vater im Herzen,
Denn alles, was ihren Lieben geschieht,
Das fällt auf der Frauen göttlich Gemüth.

Stumm bricht der Geladene auf von der Stelle
Nach Alcandete, der Mauren Hort;
Um Gott zu gefallen droht er die Hölle
Nicht=christlichem Volke, Brand und Mord —
Doch über der Stadt wehrt, strahlenversendend,
Das Sonnenschild Gottes ihm, heilig=blendend,
Da erschrickt er vor Gott, der ihn schaut, und flieht
Zurück nach Jaen, todtkrank im Gemüth.

Und dreißig Sonnenblumen erwählet
Die Tochter im Garten; und jeden Tag
Bang köpft sie Eine. Die Bleibenden zählet
Sie ängstlicher jeden Glockenschlag;
Sie führt ihm den Becher bittend zum Munde,
Preis't Gottes Gnade zu aller Stunde;
Sie trocknet dem Träumenden sanft die Stirn
Und weint, wenn er stöhnt aus brennendem Hirn.

Und als nur noch drei Blumen stehen,
Versagt ihr zum Blumenmorde die Hand;
Da ist es der liebenden Seele geschehen,
Da wird zu Wahn ihr Sinn und Verstand;
Sie verjagt von des Vaters Lager die Pfaffen,
Die, verstummt vor Gott, ihm nicht Rettung schaffen,
Zertrümmert das Tabernakel, und spricht:
„Gott fürchtet vor Licht und Juwelen sich nicht!“

„Sie fürchten sich alle vor Gottes Größe,
Wer wagt ein Gebet zu ihm — für dich?
Sie fühlen sich nichtig in ihrer Blöße
An Heilige keck nur wagen sie sich!

Und bist du nun todt — von Gott gerichtet,
Dann scheun dich die Priester. Ein jeglicher flüchtet
Vor dir und bei Einem Licht in der Nacht
Wirst du mit Grauen zur Gruft gebracht!"

Und als nur die letzte Blume geblieben,
Da rauscht es von fern, da blitzt es sie an,
Rings sieht sie den Himmel sich wölken und trüben,
Schwer rollet der Donner grausend heran —
Da hält sie der Vater sich fest in den Armen,
Doch fleht er zu ihr: Hab' mit mir Erbarmen!
Bei Gott nur ist Gnade — er ruft mich, so lind!
Drum laß mich! — Ich komme! — Komm mit! — Geschwind!

Und sinnlos starrt sie hinauf in die Blitze
Und schaut des Gottes blendenden Thron.
Und schaut die Kläger auf goldenem Sitze,
Und schaut den Vater — erwartend den Lohn —
Jetzt strengt sie sich an voll glühendem Schämen
Des Gottes Richterspruch zu vernehmen —
Da stürzt sie todt auf des Vaters Leiche*)
Mit bleichem Antlitz auf das bleiche.

---

*) Der Geschichtschreiber Ferreras, der diese Begebenheit uns überliefert, sagt zugleich, daß der König von Kastilien, Ferdinand der Geladene, genau am Termintage, dem dreißigsten nach der Ladung vor Gottes Gericht (am 17. September 1312), gestorben.

Das Weib mit der gläsernen Zunge.

Parabel.

Motto:
Wer das letzte Wort behält
Der besiegt die ganze Welt.

Es war einmal ein Weib
Mit einer gläsernen Zunge,
Sonst kerngesund von Leib
Und unverwerflicher Lunge.

Drob war sie so gut wie verdammt
Bei schwer-entsetzlichem Schweigen!
Was ihr im Busen geflammt
Das konnte sie keinem zeigen.

Die Zunge brach ihr ab
Bei jeder heftigen Rede;
Drum lebte sie wie ein Grab
Mit sich in ewiger Fehde.

Und wuchs ihr auch über Nacht
Die gläserne Zunge wieder —
Bald fiel sie ihr unbedacht
Vom Mund' als Scherben nieder.

Da kam ein Zaubrer zu ihr,
Den jammerte fast ihr Schweigen:
Leicht, sprach er, helf' ich dir
Bist du mein Weib, mein eigen!

Da ward sie seine Frau
Für eine eherne Zunge!
Und schwatzt vom Himmel das Blau,
Und schwatzt vom Affen das Junge.

Sie singet zu aller Stund',
Sie schreiet in alle Lande;
Ihr unverwüstlicher Mund
Macht keiner Göttin Schande.

All' ihre Schätze, ihr Gold
Froh schenkt sie ihrem Manne,
Ihm treu, gewärtig und hold,
Und füllt ihm mit Weine die Kanne.

Ganz müßig kann er nun sein,
Ganz ruhig kann er nun liegen —
Doch weiht sie zum König ihn ein,
Die Welt wird sie ihm besiegen.

Und fragt ihr: Wer ist das Weib?
Und wer ist der Zaubermeister? —
„Die Zeit" ist der heilige Leib,
Ihr Mann — nun Gutenberg heißt er!

Der thörichte Bettler.

Ein Narr ging um so Tag für Tag
Sich Gaben bettelnd in seinen Sack.
Er kniete nieder vor der Katze
Und bat um die Pfoten, nur um eine Tatze!
Die Katze spuckte: Die kann ich nicht geben,
Wie fang' ich da Mäuse? Das kostet mein Leben!
Er kniete vor dem Strauß in den Sand
Und bat nur um ein Bein — vor der Hand.
Der Strauß ward böse: Das kann ich nicht geben,
Wie kann ich da fliehen? Das kostet mein Leben!
Er kniete hin vor den Bettelmann
Und sprach ihn um seinen Bettelsack an.
Der Bettler bat ihn: Den kann ich nicht geben,
Wie samml' ich da Brod? Das kostet mein Leben!
Er kniete hin vor den König Saul
Und bat ihn um Freiheit und eignes Maul
Nun — eine Krone die könnt' ich schon geben,
Die Freiheit aber — die kostet mein Leben.
Er bat drei Hexen um ihre Zungen,
Die schimpften ihn einen dummen Jungen.
So kniete und bettelt' er Tag für Tag
Und hatte am Abend nichts im Sack.

Was er nie gebeten, das hatt' er nie: Brod;
So bat er den Tod nun um den Tod.

Nein, sprach der, ich kann mich nicht selbst weggeben.
Tod schenken die Aerzte, das ist ihr Leben!
Denn überhaupt, mein verrückter Freund,
Ihr bittet bei falschen Leuten, wie's scheint,
Und bittet um das, was sie sind, nicht haben,
Denn was Jedwedes Leben ist,
Das kriegst du nimmer zu dieser Frist.
Als sollte die Katze dir Mäuse haschen,
Als sollte die Maus dir vom Milchtopf naschen!
Doch bitte drei Weiber um ein Wort,
Da gehst du reichlich beschenket fort!
Drum bitte am liebsten um Worte, Versprechen,
Um „Halten" bitten, das mahnt an Gebrechen.
Ich bin zwar nur der alberne Tod,
Doch kenn' ich die Menschen — aus ihrer Noth.

Der Bettelmann hat das zur Lehr' genommen,
Hat stets den Sack voll Versprechen bekommen,
So daß er hat können vom Winde leben,
Viel Andern noch reichlich davon geben;
Hat große Schätze davon erworben
Und ist noch an der Windsucht gestorben.

Scherzvogel.

Fabel.

Scherzvogel hatte einmal gesagt:
Herr Bruder Oekonom, es tagt!
Die Welt hat jetzt es zu hoch gebracht!
Die Erfahrung wächst uns zu Kopf mit Macht —
Aus weißem Klee von süßer Weide
Wird Wolle wie Schnee und fein wie Seide!
Was martert ihr erst die spanischen Schaafe
Ihr plagt euch damit zu eurer Strafe,
Thut ab, thut ab das theure Vieh,
Aus Grase zeuget ihr Wolle hie!

Das hat dem Bruder Bauer gefallen,
Dem ersten Bauer, und darauf allen.
Die schaffen die spanischen Schaafe ab,
Die deutschen finden dabei ihr Grab.
Kein Lämmlein blökt in den Ställen: meh!
Die Brüder Bauern säen nur Klee,
Den weißesten Klee auf süßester Weide
Und warten davor auf die Wolle wie Seide!

Sie nähn mit den Weibern an furchtbaren Säcken,
Die schreckliche Wolle hineinzustecken.
Scherzvogel trifft sie im Schatten sitzen,
Und wie sie doch von der Arbeit schwitzen
Und hört mit Erstaunen was sie gethan,
Und lacht daß er weint, und weint sie an:
Gott, ohne Schaafe ist nichts gethan!
Zum Scheeren muß man doch Schaafe ha'n.
Auf Erden braucht es ja Mittelspersonen!
Die Schaafe gehören zu solchen Patronen!
Zum Weine bedarf's die Reb' und den Stock
Und zum Zicklein bedarf's den Ziegenbock,
Die thun mit Freuden die alten Wunder,
So war es, so bleibt es, so ist es jetzunder.
Und sprach ich von gutem Futter, ei, ei
So meint' ich die deutschen Schaafe dabei,
Die Landesschaafe, die Landesart!
Und ihr beginnt so thörichte Fahrt!

Der Helm zur Axt.

Ne ansam des.
Sueton.

Ein schlauer Mann weiß keinen Rath,
Wie er der Erde alte Saat,
Den großen Urwald um sein Haus
Vertilge von der Wurzel aus,
Damit er von der Höh' herab
Rings schau' ein ödes weites Grab!
Der schlaue Mann denkt einmal so
Und wird des Lebens eh' nicht froh!
Bei einem Zaubrer in der Höhle
Hat er für seine eigne Seele
Sich einen großen Sturm gekauft —
Doch der hat auch sein Haus zerrauft,
Es eingestürzt, ihn schier begraben!
Drum möcht' er lustiger es haben.

So legt er hinter'm Wind bei Nacht
Nun Feuer an des Waldes Pracht.
Doch hat er nicht den Wind bedacht,
Der setzt dann um aus freier Macht
Und peitscht mit Flammen, Gluth und Rauch
Den Mann in Teich bis über'n Bauch;
In seine Haare fliegen Funken,
Er muß den Kopf in's Wasser tunken!

Doch statt in solcher Angst und Pein
Sich selbst zu bessern, fällt ihm ein
Aus Wuth und Rache seiner Thaten:
Wie doch das Werk ihm soll gerathen!
Vertilgt nur wird durch fremde Kraft,
Was selbst erst sein Verderben schafft!

Jetzt hat er's richtig ausgefunden.
Er schmiedet eine Art zur Stunden,
Nichts fehlt ihm, als der Stiel — der Helm!
Und vor den Wald nun tritt der Schelm
Zieht tief vor ihm sein Hütlein baß
Verneigt die Nasen schier in's Gras,
Und spricht: Ihr hocherhabnen Herrn,
Selbstständig, wurzelfest — kurz: Herrn!
Ihr Millionen große Herrn,
Hört meine kleine Bitte gern:
Vergönnt mir, ach, nur einen Ast,
Ein Stück davon nur, eurem Gast!
Ich bin ein alter schwacher Mann,
Der ohne Stock nicht gehen kann! —

Da bückt sich eine junge Eichen,
Daß seine Hand sie mag erreichen
— Das junge Volk fühlt leicht Erbarmen —
Er aber bricht mit falschen Armen
Den Wipfel ihr vom Leibe weg,
Drauf ohn' Habdank nur geht er keck.
Die böse That ist schnell geschehen,
Zu spät die alten Bäum' es sehen.
Ein tiefes banges Weh erschallt
Aus jedem Baum im ganzen Wald,

Sie weinen alle herzlich-laut,
Als ob es regnet oder thaut,
Die kleinen Vögel selber klagen,
Wie Kinder mit den Aeltern zagen;
Die großen starken Bäume zittern
Vor klarer Furcht, wie bei Gewittern,
Und klagen: Weh! Nun hat der Schelm
Zur unbrauchbaren Art den Helm!
Nun haut er nach und nach uns um,
Die wir verrathen stehn und dumm!
Wir helfen selbst uns auszurotten,
Zur Schmach noch wird man unsrer spotten.
Ihr andern Wälder mögt es hören,
Und laßt euch, klug durch uns, beschwören:
Gebt keinen Ast zu keinem Helm!
Sonst tilgt euch durch euch selbst ein Schelm!
Gebt nicht das R vom kleinsten Rechte,
Sonst werdet ihr aus Herren: Knechte!

Sankt Peter mit dem Pudel.

Legende.

Motto:
Esel dulden stumm,
Allzugut ist dumm.
Lebensregel.

Sankt Peter saß am Himmelsthor,
Da winselt es draußen fromm davor,
Doch bescheiden kaum aller sieben Stund'
Zuletzt schwach boll es mit frommem Mund
Und webelte, wie mit dem Schwanz an die Thür.
Sankt Peter schlummerte für und für,
Jetzt kommen so selten noch Christen herauf;
Da boll es hörbar. Da that er auf
Und sah gar einen Hund, nicht klein,
Der wollte auch in den Himmel hinein.
Er glaubte: das ist der Edelmann,
Der zum Hunde worden, lobesan,
Und frug ihn barsch: Was willst du hier?
Hier gilt kein strafverhertes Thier;
Wer seinen Himmel auf Erden gehabt,
Wird billig darauf mit der Höllen begabt.

Ach, spricht der Hund, den Himmel nicht —
Ich suche nur meines Herrn Gesicht!
Und da er doch muß im Himmel sein,
Will ich unter seinen Stuhl nur hinein!

Sankt Peter schilt: Ein neu Verlangen!
Gewiß ist dir's bei ihm zu wohl gegangen.
Seinen Namen zu nennen kann dir nicht schaden!

— Sie nannten ihn alle nur Ew. Gnaden,
Und immer war er mir, ach, so gnädig!
Von Knochen war mein Bauch nie ledig —
Ich hatte mein' eigne Hundehütte
Und jährlich frisches Stroh, eine Schütte.
Mein Halsband war mit Sammet gefüttert.
Mein guter Herr! Heil, wer ihn nur wittert! —

Da sprach Sankt Peter mit sanftem Mund:
O du frommer und getreuer Hund!
Doch sage mir an, du dankbar Thier,
Was hast du auf deiner Nasen hier?
Da glüht eine lange kahle Stelle,
Die starrt so blutroth, wund und helle —
Die Nasen ist gar ein empfindlicher Theil!

Drauf sprach der Hund: Ach Herr, sie ist heil,
Sie heilte von einem Male zum andern!
Vor langer Weile — unter andern —
Betropfte sie mir mein Herr — nur im Scherze —
Mit brennendem Siegellack frisch von der Kerze
Und drückte sein adliges Wappen mir drauf;
Dann rief er zum Hochgeehrten: Nun lauf!

Da sprach Sankt Peter: Im Höllenpfuhl
Da sitzet dein Herr wohl, auf glühendem Stuhl.
Jed' anderer Hund wär' lange todt —
Ich thue dir auf, denn es thut schier noth,

Daß Thiere nun werden in Himmel genommen,
Da endlich so wenig Christen mehr kommen;
Auf jeder humanen Eisenbahn
Ist Thieren ein Kasten aufgethan;
Doch sag' mir erst: Was für ein Hund du bist,
Der so duldend, so stumm — und so dankbar noch ist?

Da verkroch sich der Pudel, als müßt' er ihn schlagen,
Und sprach, ganz blaß vor Furcht und Zagen:
Ich bin nur ein armer Hund von der Gasse —
Ich bin — verzeiht mir! — ein Deutscher von Rasse.

Und schnell wie der Wolf war er fort und hinaus!
Da schämte Sankt Peter und weinte sich aus.
Drauf sah er der Spur nach auf der Stelle:
Ob er seinem Herrn auch folg' in die Hölle?

Prometheus und der Nachtwächter.

Nachtwächter

(in verlorenem Dorf am Kaukasus).

Bewahrt das Feuer und das Licht!

Prometheus.

Was hör' ich!
Solch ein Wort schlug noch nicht an mein Ohr,
Mein Blut schäumt mir wie Most.
Bis zum Hals strotzt es herauf,
Ich ersticke vor Entzücken,
Wie wenn die Mutter Tigerin
Den jungen Tiger zum erstenmal brüllen hört.

Nachtwächter.

Bewahrt das Feuer und das Licht!

Prometheus.

O du allleröffentlichster Redner
Offenbar Erhabenster, Heiligster!
Komm heran, komm herauf,
Mann mit dem Schaafpelz,
Mann mit dem Horn,
Mit dem Horne der Macht,
Komm heran, daß ich dich küsse!

Sprich: welcher Gott, oder welcher Herrscher
Schickt dich, solche Worte zu reden
In der gestirnten heiligen Nacht
Ueber schlafende Menschen und Götter?
Oder schickt dich der Bürgermeister?
Nun — o wie von Weisheit durch und durch
Getränkt ist dann erst meine Erde!

Nachtwächter.

Bewahrt das Feuer und das Licht!

Prometheus.

Hörst du denn nicht, Kerl,
Göttlicher, verfluchter Kerl!
Hast du denn kein ander Wort mehr noch im Hals,
Du von der Freiheit gelernter Staar,
Mann mit dem Horn,
Mit dem Horne der Macht!
— Er hört nicht, er balzt sein Abendgebet!
Doch was ereiferst du dich
Noch, du vergessener, bemooster Prometheus!
Denn nur der Titan bleibt,
Aber die Götter versinken mit den Menschen,
Die vor ihnen knien, sie zerfallen
Mit der Rauchpfanne, verwehn wie der Rauch;
Und nur das Bürschchen Eros
Schleicht noch auf Erden, kinderstiftend,
Und die Hetäre horcht,
Und Hermes, der Handelsmann, der Trödeljud',
Glaubt nun wirklich der Gott der Menschen zu werden, zu sein!
Aber Hornist, Trost der Welt,
Kommst du noch nicht!

Ich rufe, Ich!
Hier ist keiner, als ich!
Aber was soll er mir sagen, erzählen, was?
Weiß ich nicht Alles, Alles!
Ich muß noch lachen, herzlich lachen
Ueber die Athener, die dummen Archonten!
So recht, Archonten:
Dem Sokrates, der falsche Götter gelehrt,
Dem gebt ihr därmezerschneidendes Gift!
Aber dem Aeschylus,
Der dem hochweisen Rath
Und der versammelten Schaaf-
Heerde, die Volk heißt,
Und den Mauleseln, die Priester sind,
Unter meinem Namen
Aus schallender Maskenmund-Trompete
Gerade unter die Nase sagt:
Euer Gott stürzt vom Thron
Und all sein Gesindel hinter ihm drein,
Da er nicht hört, wie ich ihn rette. — —
Diesen lassen sie frei ausgehn!
Denn es sagt's aus ihm der größte Titan,
Der bis zur Furcht geliebte
Angestaunte Prometheus — Ich!

Nachtwächter
(wieder wo anders).

Bewahrt das Feuer und das Licht!

Prometheus.

Feuer! Licht!
Und wie dumm, oder wie machtlos
Der Götter Gott war: —

Statt den Menschen das Feuer und Li cht
Wieder zu nehmen,
Schließt die Gewalt, die abscheulichste
Alles Abscheulichen, eine verhaßte Schelmin,
Mich, der es brachte,
Mich, sich selber verhöhnend und verlachend,
Mich an den Kaukasus!
Tolle Ohnmacht,
Nichtige Rache!
Darum schwieg auch die Kraft!
Aber, Nachtwächter, merke dir das!
Die Feuer und Licht
Bringen, die leiden.
Aber das Feuer und Licht
Ist unstrafbar, unauslöschbar,
Zeräschernd und zerleuchtend
Unmenschliches Wesen.
Doch nicht allein die Archonten sind blind
Und die Götter taub vor Zorn,
Auch der Mann mit dem Horn,
Er kommt nicht!
Und ob ich gleich Alles ja weiß,
Und, so klar wie der Handteller vor mir,
Klar die Erde mit ihren Geflechten liegt,
Freut es mich doch singen und sagen zu hören,
Was mein Feuer und Licht gethan!
Denn so freut sich der großen Götter
Allergrößter, der ur= uralte Pan,
Wenn ihm die Lerchen
Von seinem Frühlinge singen!
Wenn ihm Bräutigam und Braut
Nachts im Brautbett von Liebe reden!

Wenn ihm das Wasser von Eisbergen
Und die Sonne von Mondfinsterniß spricht!
Da freut sich der alte Vater
Herzinniglich,
Und scheint nun erst nicht zu wissen,
Daß er der Götter Gott geworden,
Daß er das Herz ist des Künstlers im Eie,
Und das Sonnenauge
Und das Menschenlächeln —
Der alte gute Mann,
Der hervorgeglänzt
Aus den schimmligen Höhlen,
Nun den Thron bestiegen,
Nicht mehr zu fallen
Wie die anderen alle,
Die Götter geheißen;
O du Pan, nicht der armen Hirten
Armer Syringenbläser,
Sondern du selbst, du alles selbst, des Orpheus Pan,
Der große, der die Welt ist,
Himmel und Erde und Sterne
Die leiblichen Glieder.

Das sei dir gesagt, Zeus!
Und die deinen Thron bestiegen,
Oder besteigen möchten und stürzen möchten:
Die Bilder der Menschen,
Der Menschen, Straflosen wie Feuer und Licht,
Der leiblichen Glieder
Des alten unbekannten Gottes.
Aber von euch, Menschen
Will ich weiter von nichts

Wissen und weiter von nichts
Hören, seit ich vom Ufer Massilia's her
Eure Hymne gehört!

Nachtwächter.

Bewahrt das Feuer und das Licht!

Prometheus.

Mann im Schlafpelz,
Wenn ich nicht wüßte, ich trüge hier fest,
Glaubte ich, ich ginge da drunten
Selbst bei den Hütten der Menschen
Sie mahnen, sie loben,
Daß sie Feuer und Licht
Tragen, und beschützt von meinem Namen
Der Athens-Archonten lachen
Und der Rache der sterbenden Götter.

Nachtwächter
(noch einmal).

Bewahrt das Feuer und das Licht!

Vermischte Gedichte.

Das Gastmahl.

Heut am ersten Frühlingstage
Heut soll bei mir Gastmahl sein!
Steht die Sonne in der Waage,
Steh' auch alles gleich mir ein;
Nach so manchem sauren Tage
Will ich auch einmal mich freun!
    Harrend schon voll Ungeduld,
    Wohlbewußt der langen Schuld,
    Sitz' ich in des Saales Frische
    Froh am reichgedeckten Tische.

Nah und fern an meine Lieben
Hab' ich Boten ausgesandt,
Jedem klar den Weg beschrieben
Ort und Namen ihm genannt.
Wo sie sich nur umgetrieben?
Ob die Freunde sich gewandt?
    Noch kein Reiter sprengt voraus,
    Noch kein Wagen hält am Haus!
    Ueben sie mir wohl Vergelten?
    Denn ich selber muß mich schelten.

Stets vermied ich ernst die Menge,
Denn sie ist uns nur zur Last,
Zog mich strebend in die Enge
Ohne daß ich wen gehaßt;
Stets beklomm mich das Gedränge
Weil mein Sinn es nie gefaßt;
Aber auch der beste Freund
Wußte kaum, wie ich's gemeint;
Ein Wahrsagergeist der Schmerzen
Lebte mir im weichen Herzen.

Einst — wenn ich mich frei gerungen,
Wenn mein Auge, rein und klar,
Zur Natur hindurch gedrungen,
Wenn mir alles Schöne wahr;
Wenn das Gute schön gelungen
Und Versäumniß nicht Gefahr —
Dann, dann wollt' ich erst mich freun,
Ganz ein Mensch mit Menschen sein,
Bis dahin — indeß — erstreben,
Was man legt als Grund zum Leben.

Und nun endlich bin ich fertig,
Und ich bin ein Mensch, ein Mann,
Bin der Freunde treu gewärtig,
Jeder trifft den Alten an!
Garten, Haus und Hof ist fertig,
All' was noth that, ist gethan.
Jeder trifft sein Leibgericht
Lieblings-Wein und froh Gesicht!
Alles hab' ich ihnen eben
Ganz, mit Freuden hinzugeben!

— Doch kein Bote kehret wieder!
Schon ist's Nachmittag, um Drei!
Zweifelnd geh' ich auf und nieder,
Furcht befällt mich, Scham und Reu;
Was du thust, thut man dir wieder,
Altes Wort wird an dir neu!
Ist mir doch wie Mitternacht,
Bang als wär' ich jäh erwacht!
Ach, wie lang zu herbster Strafe
Lag die Seele mir im Schlafe!

Sieh, da kommt der erste Bote!
Naht, und sieht mir in's Gesicht:
„Send' uns, Herr, nicht mehr an Todte —
Deine Aeltern sind — im Licht!“ —
Und so spricht der zweite Bote:
„Deine Freunde leben nicht!“
Und die Boten alle stehn
Starr, wie sie mich Starren sehn;
Mich Verlassenen verlassen
Sie, und sehn mich noch erblassen.

Schwer wie Nebel, fällt mein Wähnen,
Endlich schmilzt das starke Herz!
Heut erst, heut erst wein' ich Thränen
Heut erst fühl' ich wahren Schmerz!
Nach dem Vater fühl' ich Sehnen
Nach der Mutter stöhnt mein Herz,
Stöhnt nach jedem theuren Freund,
Der's so treu mit mir gemeint!
Doch ich schlief wohl dreißig Jahre;
Ach, und sie — begrub die Bahre.

Als ich so verzagend stehe,
Treten fünf Gestalten ein;
Wie ich, sie erkennend, sehe —
Sind sie alle Fünfe mein!
Aber nicht der Vater — wehe,
Nicht die Mutter ist es, nein!
Nicht die Schwester kommt zu mir:
— Meine Töchter sind es — vier!
Und mein Weib mit unsrem Sohne
Bringt mir eine Myrtenkrone.

„Nimm uns an, für deine Gäste“ —
Spricht die gute Seele leis;
„Sieh, zu deinem Lebensfeste
Sind wir da, für deinen Kreis,
Für dein Herz auch — für das beste
Mannesherz, so viel ich weiß;
Und so lang es lieben mag
Ist ihm schöner Göttertag!
Wir vertreten — wir ersetzen
Dir die Welt mit ihren Schätzen.“

Wir nun, lächelnd, gehn zu Tische,
Wir sind's All, mit uns allein,
Sitzen in des Saales Frische,
Wir entsiegeln uns den Wein;
Und die leeren Plätz' am Tische —
Sollen für die Enkel sein!
Eh' das Herz nicht aufgewacht,
Ist am hellen Tage Nacht.
Aber was wir auch versäumen,
Lebt im Geist uns, kommt in Träumen!

Wer nicht auf der Erde lebet
Hat schon eine Welt versäumt!
Heil'ge Alte, die gestrebet,
Und uns Nachwelt sich geträumt!
Daß die Geisterwelt dir lebet
Ward dein Geist dir eingeräumt;
Aber wie sie lebt und war
Sieh du an den Deinen klar:
Sie bedeuten, dir ergötzlich,
Und sie sind, dir unersetzlich!

Reiserath.

Fröhlicher Freund.

Nimm den Stab, o Freund, und wandre,
Laß dein Herzchen nicht zu Haus,
Ein' ist endlich wie die Andre,
In die Welt geht's rund hinaus.

Der Herzliche.

Nur ein Wort, dann sei's geschieden:
Nie vergiß der Treuen Kuß!
Aus der Sehnsucht reift der Frieden,
Aus Entbehren wächst Genuß.

Gerichtshalter.

Alles muß nicht förmlich gehen.
Laut bekannt und festgemacht!
Vieles mußt du halb verstehen,
Viel gethan sein, eh' gedacht!
Neben Leben ist kein Leben,
In den Strom! da schwillt die Brust!
Leben bringet wieder Leben,
Und die Lust macht wieder Lust.

Weiberkenner.

Dir die Herzenschlüssel geben,
Find' ich eben nicht so nöthig;
Doch — ein Rath im Liebeleben,
Dazu bin ich wohl erbötig.

Liebe nur, so kannst du lieben,
Und sie werden dich schon üben;
Doch — die Schönste ist die Beste!
Wie die Frucht entfällt vom Weste,
Sinkt sie in die eigne Neigung
In des Schönen Gunstbezeugung:
Ueberrascht ist auch gewonnen,
Und erlaubt ist auch die List!
Fröhlich in dein Glück geronnen,
Wenn du eben glücklich bist —
Alle Liebe geht zu Ende.
Dich beschützten Amor's Hände!

Reicher Vetter.

In der Welt sein Glück zu machen,
Braucht es drei sehr rare Sachen:
Erstens Geld, und zweitens — Geld!
Drittens Geld! Geld schreit die Welt.

Emporgekommener.

Adel war von je auf Erden,
Stets ein besseres Geschlecht;
Was man nicht ist, kann man werden,
Und wer Macht hat, der hat Recht.

Künstler.

Möchtest du im stillen Busen
Rein der Meister Wonne tragen,
Und geliebt von allen Musen
Schönem nur dein Leben wagen!

Pfarrer.

Möchte, als das Schön' im Wahren
Dir sich Glauben offenbaren!
Alle andern bleiben Narren,
Aber wir — wir bleiben Pfarren!

Alte Tante.

Bleib' zu Hauf' und nähr' dich spärlich!
Reisen, reisen ist gefährlich!
Alles ist in unserm Kreise —
Nein, ich rathe nicht zur Reise!

Gleichaltriger.

Was die Jugend nur beglückte,
Haben wir genug gethan;
Wann das Neue sich beschickte,
Fangen wir das Alte an.

Vater.

Laß der Mutter Thränen sagen,
Was die Gute wünscht und blickt!
Sei nun Ich, in deinen Tagen,
Und so sei an's Herz gedrückt!

Der Scheidende.

Soll ich bleiben, soll ich gehen?
Fernelocken! — Heimathwehen!
— Alle, die mich hier umstehen,
Alle müß' ich wiedersehen,
Keinen decke mir der Rasen! —
Schwager, fort, und frisch geblasen!

Der Kelch der Liebe.

Jüngst an einem schönen Maienmorgen
Ging ich, mich der Blüthen rings zu freuen,
So mit junger unbesorgter Seele
Frisch und froh nach meiner Rosenlaube.

Wie ich, vor den neuerschloßnen Blumen
Hie und da verweilet, mich ihr nahe,
Seh' ich drinnen an dem Gartentische
Mit Verwundern still ein schönes Knäbchen,
Splitterfasernacket, gar geschäftig
Walten. Neubegierig, sein Beginnen
Zu belauschen, schleich' ich mich auf schwebend
Leisen Zehen nah hinzu im Grase,
Spähe durch ein Ritzchen in den Zweigen,
Kann dem Kinde grad' in's Antlitz schauen.

Auf dem Tische steht ein goldner Becher;
Viele frischgepflückte, noch bethaute
Blumen, viele Arten Zauberkräuter
Liegen vor ihm lieblich durcheinander;

Faßt davon, soviel die Händchen halten,
Preßt den Saft daraus in seinen Becher,
Strengt sich an, die Augen festzudrückend,
Presset, daß die weiße Stirn sich röthet,
Daß er roth wird bis an beide Oehrchen,
Daß die blonden Locken ihm erzittern,
Daß ihm Thränen, Thränen drein mitperlen,
Und den Athem lassend stöhnt er müde.
Als das Gold nun wohl des Saftes voll war,
Oeffnet er ein himmelblaues Fläschchen,
Tröpfelt draus, die Mischung süß zu würzen,
Daß die ganze Laube köstlich duftet,
Süßer als von meinen Rosen allen,
Daß ich oft erathmend recht mich labe.

Von dem Nektarduft gelocket, flattern
Sommervögel zu ihm, zu dem Kelche,
Kosten, fliehen mit benetzten Schwingen.
Eine Nachtigall vom Laubgewölke,
Wie vertraut dem wundersamen Knaben,
Setzt sich auf den Rand des Kelches, nippet,
Hebt das kleine Köpfchen in die Höhe,
Und mit ofthewegter Kehl' und Schnabel,
Wie es recht mit Acht zu schmecken, nispert
Langsam sie vom Zaubertrank herunter,
Dann entschlüpft sie auf das Laubgewölbe,
Schlägt, daß mir die Seele ahnend banget.

Selbst die Bienen summen um den Becher,
Saugen, legen dann als eine Maske
Sich um sein Gesicht, als Kettentraube
Hängen sie, als Bart an seinem Kinne;

Und die Eine, die gesogen, schwirret
Fort, und fliegt mir grade an die Lippe,
Daß ich ihren herben Stich befürchtend
Schreie.

Kam der Knab' hervorgesprungen,
Sieht mich wehren, stehet, will erst zürnen,
Doch dann spricht er: Laß, sie will nicht stechen!
Und ich fasse mich, und frag' erbittert:
Sag', was brau'st du hier in meiner Laube,
Und wer bist du selber, nacktes Bübchen?
Denn verwundert schau' ich dich schon lange!

Leicht erwiedert er: dein Kinn schon bräunt sich,
Solltest du noch nicht den Amor kennen?
Läßt hineingeh'nd mich die Purpurflügel
Sehen; mit dem sanftgefärbten Finger
Zeigt er, abgelegt, mir Pfeil' und Bogen,
Spricht: Ich mische mir den Kelch der Liebe.

Und ich bat: O lieber Amor, laß mich
Deinen vielgerühmten Kelch nur kosten!
Nur den Rand der Lippen mir benetzen —
Dann will ich dich gern nicht mehr beschweren!

Willig führt' er mir ihn voll zum Munde,
Schalkhaft lächelnd sich die Lippe beißend
Wie zu meinen: Koste nur, du Guter!

Ich, den bittersüßen Kelch nun schmeckend,
Griff gewaltsam in des Amor's Hände,
Daß ich ganz auf einmal ihn entleere! —

Doch er zog bedächtig ihn zurücke,
Wie gutmeinend, blickt' er ernst und weise,
Und ich sah betroffen ihm in's Auge.

Jede andre Kost seitdem verschmähend,
Wär' ich lang verschmachtet, netzte gnädig
Mir der Gott nicht öfter meine Lippen;
Und vermein' ich schon vor Qual zu sterben —
Einen Zug aus seinem Nektar-Kelche,
Fühl' ich wieder jauchzend mich im Leben!

Die Nacht in der Gallerie.

In die Gallerie war ich gegangen,
Denn begeistert bin ich nirgend süßer.
Und wo fänd' ich sonst so viel des Schönen,
O Natur, wo ich es immer suchte;
Denn hier lebt ja deines Göttergeistes
Innere, gestaltenreiche Schöne,
Die in wonnereichen Schöpferstunden
Deine Heiligen herauf beschworen,
Heiß beseelt mit ihres Busens Feuer,
Holdgekleidet dann mit deinem Purpur,
Deinem Golde, und den tausend Farben,
Die geheimnißvoll im tiefen Meere
In dem Blut der Schnecke du bereitest,
Du in Stein und Erz verschlossen reifest,
Die aus heißen Balsambäumen duften,
Die mit Sonnenglanz du dann beleuchtest!
Dort im Anschaun meiner schönen Hebe,
Die ich zart vor allen andern liebe,
Die mit ew'gem Blicke stiller Neigung,
— Nur entzaubert in der Bilder Leben —
Schien im Innern für den Freund zu schmachten,
War ich, stillvergessen, eingeschlafen,
Süßer Sehnsucht Thränen an den Wimpern.

Da berührt mir Glanz die Augenlieder,
Wie die Perle sanftes Licht durchzucket,
Innen mir den Augenstern erhellend.
War's der Mond, der in die stille Halle
Glänzend seine reinen Strahlen legte!
Richt' ich hinter'm Schirme meines Lagers
In die Höhe mich, und schau' und schaue,
Ob ich meinen Augen solle trauen —
Auf den Bildern fängt sich's an zu regen;
Wie ich längst geglaubt, daß sie sich alle
Nur verstellten, wie ich heiß gesehnet,
Seh' ich sie entzückt lebendig werden!
Aphrodite dehnet, wie ermüdet
Von der täuschend ungerechten Stellung,
Ihres schlanken Reizes Götterglieder,
Schwebt mit leisem, ungehörtem Schwunge
Sanft empfangen in den Saal hernieder.
Wie sich die Gestalten blüh'nder Bäume
Nieder neigend in den Wasserspiegel
In die klare Fluth hinuntertauchen:
Also schweben leis die Bilder nieder,
Leer verlassend goldne weite Rahmen.
Auf von ihrer Orgel steht Cäcilia;
Bachus setzt den Becher ab vom Munde
In des Lebens schöne Feier schwebend;
Guido Reni's bleiche Häupter seufzen,
Sich das Blut von ihren Stirnen streifend;
Kleopatra schleudert fort die Otter,
Und Andromache, die Augen trocknend,
Läßt Astyanax vom müden Arme.
Auch die Reh' und Löwen gehen freundlich
Unter dem Gewühle hin und wieder,

Und die kleinen schönen Christuskinder
Spielen seltsam miteinander selber!
Juno hebt Johannes an den Busen,
Herzt und küßt das liebe Kind, dann läuft es
Sich die Wange haltend hin zur Mutter.
Alle Harfen klingen himmlisch, himmlisch!
Ja die Blumen alle, fast betäubend,
Duften; Papagei'n und hundert Vögel
Flattern über allen hin und wieder.

Und da kommt gelassen meine Hebe —
Schneller schlägt mein Herz, durch alle Adern
Fluthet sel'ge Kraft, elektrisch Feuer
Schmeck' ich auf der Zung', entflammt den Augen,
Wie ich seh' die Göttin nahe wandeln,
In dem aufgelösten, liebesehnend
Schwanken Gange heimlich näher wandeln.
Und entfernt und unbemerkt der Menge
Schlüpft sie schnell in meines Lagers Zelle,
Kniet sie rasch zu ihrem Freunde nieder,
Zieh' ich stark die Sinkende hernieder,
Und aus Drang und Durst des, ach, so lange
Schwer entbehrten sterblichen Besitzes,
Hält sie meine Lippe mit den Zähnchen,
Daß sie mir wohlthätig schmerzt und blutet;
Und aus ihrem wie verklärten Wesen
Saug' ich Wonn' und Kraft und Lieb' und Leben,
Leben, Lieb' und Kraft und Wonn' ihr gebend,
Bis ich wohl entschlief in ihren Armen,
Die mich lind an ihren Busen pressen,
Ganz nach andrer Mädchen schöner Weise.

Endlich, als ich meine Augen öffne,
Und nach ihren Wonnegliedern fühle,
Schwebte schon der Sonne festgehalt'ner
Ew'ger Blitz mit Rosenflammen=Helle
Hehr im Saal und leuchtete den stillen
Bildern in das sanft ihr zugewandte
Antlitz göttlich, —
denn sie alle standen
Wieder droben an den alten Orten,
Als wenn nichts in dieser Nacht geschehen;
Als wenn keines von dem andern wüßte,
Standen jene an dem Morgenbrunnen
Nie des Wassers je zu Ende schöpfend,
Hold sich spiegelnd, rechte läß'ge Mädchen!
Wieder todt lag Hektor im Gefilde,
Schön und rührend später Menschen Herzen!
Hebe'n find' ich wieder und erröthe,
Wie mit unbetroff'nem, hohem Auge
Sie den Freund bedächtig überblicket,
Daß mir jenes Glück ein Traum bedünket;
Als zum Zeichen meine Lipp' auf's neue
Aufbricht, mir zu bluten warm und wärmer,
Und das Herz mir klopfet, voll und voller,
Daß ich fliehe aus der Geisterhalle,
Wieder froh bei Sonn' und Luft und Menschen!
An dem Ufer bei'm Orangenmädchen
Kauf' ich ihrer Früchte goldne Monde
Meine heiße Brust und Lust zu kühlen;
Und nun eil' ich tief und frisch zu baden
In dem morgenrothen, heil'gen Strome.

Die Milchschwestern.

Vorbei vor Anna's stillem Schlosse
Ritt ich mit sichrem schnellem Rosse
Nur noch zur nahen kleinen Hütte,
Wo das bescheidne Aennchen wohnt.
Sie hatte mir die Nacht versprochen,
Doch nicht ein Wörtchen sollt' ich flüstern!
So endlich schien sie mir gewährt.
Seit' angebunden stand das Pferd.
Ich hörte meines Herzens Pochen;
Mit zitternd froh gewognem Schritte
Schlich ich mich leis hinzu im Düstern,
Als hinter Wolken trat der Mond.

Und schläft sie? daß sie sich nicht sehnet!
Das Fenster ist nur angelehnet,
Bald ist der Wein zurückgebogen
Und keine Rose ist geknickt!
Bald hab' ich mich hineingeschwungen
Und fühle vor mit leisem Fuße,
Als mich ein Lispeln süß und leis
Bedeutet in den Zauberkreis;
Wie selber von der Nacht umschlungen
Mit Armen fühl' ich mich gezogen,
Und meine Lippen sucht's zum Kusse,
Die Hände fühl' ich mir gedrückt.

Dann müssen wohl indeß die Sterne
Hinabgezogen sein und ferne,
Mit seinem Glänzen muß hinunter
Gestiegen sein des Mondes Licht —
Wie konnte sonst der helle Morgen
Schon rosenroth am Himmel stehen?
Wie waren unter'm Ueberdach
Schon sonst die Bienen surrend wach?
Nun war sie mir nicht mehr verborgen,
Zwei Augen leuchten klar und munter,
Ich kann ihr nun in's Antlitz sehen,
Und ach da ist es Aennchen nicht!

Da hält mich Anna sanft umwunden,
Wie — spricht sie — reuen dich die Stunden,
Die ich aus liebevollem Herzen
Dir liebem Jüngling hier geschenkt?
So muß man die Verliebten fangen,
Die uns nicht zutraun, was sie fühlen!
Das treulos mir entwandte Glühn
Um diese Nacht sei dir's verziehn!
Was hat die Hohe denn begangen?
Und leiden wir vergebens Schmerzen
Da jede, auch in seidnen Pfühlen,
Was Aennchen in der Hütte denkt?

Und leis gerufen, Scheu im Schritte,
Kommt nun das holde Kind der Hütte
Erröthend, ohne herzublicken;
Wer sagt, wie mir zu Muthe war! —
Hier, Schwester, nimm die goldne Kette,
Doch ihn behalt' ich nun zu eigen! —

Und wie ein Reh am Quellgebüsch,
Stand Anna da, so lieb, so frisch!
Und wir nun emsig um die Wette
Beeifern uns sie leicht zu schmücken,
Und ich mit wonnevollem Schweigen,
Flecht' um ihr Haupt ihr schönes Haar.

Die Nachtwandlerin.

Hab' ich, halt' ich dich denn wirklich?
O wie lang hab' ich geschmachtet,
Wahre Seelenangst gelitten,
Liebes junges süßes Mädchen!
Du versprachst mir noch zu kommen,
Wenn bei dir die Aeltern schliefen,
Oben auf dem platten Dache
Ueber dieses Nachbarhaus hin;
Und auch zur bestimmten Stunde
Harrt' ich deiner, fast verglühend.
Herrlich war der Mond gekommen,
Doppelt aus dem reinen Meere
Wie ein Zwillingspaar Orangen
Schnell gewachsen, schnell gereifet,
Sanft dann auseinander brechend,
Einer sinkend in die Fluthen,
Einer steigend klar zum Himmel;
Und der Duft der Aloen
Und der Pinien und Limonen
Aus den blüh'nden Gärten allen
Wehte durch die Nacht erfrischend,
Und das Lichthaupt des Vesuves
Glomm verkehrt auch sanft im Meere
Zauberisch da unten hängend.

Doch der Fischer hier, dein Nachbar,
Strickte noch auf seinem Dache
Still zu morgen seine Netze.
Da erscheinst du leise kommend.

Und ich konnte dir nicht winken,
Und ich sah's, die Brust beklommen;
Da, schon halb zu spät, gewahrtest
Du den Fischer bei den Netzen,
Und mit schneller List der Weiber
Stelltest du dich mondzuwandeln,
Schrittest über Spalt der Häuser,
Gingst verwegen auf Geländern,
Daß mich Angst ergriff und Schwindel!
Wie die halbentblößten Arme
Ausgebreitet reizend schwebten!
Wie der Wind das weiße, leichte
Kleid dir um die Schenkel schmiegte!

Immer wollt' ich dich ergreifen,
Wollte deinen Namen rufen;
Doch ich mußte ruhig bleiben,
Was du noch beginnen werdest,
Was er noch beginnen werde?
Der, als er's genug gesehen,
Nicht das End' erwarten konnte,
Wohl die Arbeit fertig hatte,
Stieg in seine Wohnung nieder.
Und mit drei behenden Sprüngen
Lagst du froh in meinen Armen,
Und nicht wenig schlug dein Herz dir,
Und noch fühl' ich's ungewöhnlich
Jetzt an meiner Brust dir schlagen!
Doch nun scheinst du ganz verständig
Wie nur Eine der Geliebten
Hold und gütig dem Geliebten,
Denn der Mond ging selig unter.

Der Himmel.

Hier, o Heimath, bin ich wieder,
Wo mein Kindergarten sprießt,
Strecke hin die müden Glieder,
Wo der Bach so ruhig fließt;
Nun nicht mehr aus deinem Schatten,
Kühler Nachtigallen-Hain,
Hier auf diesen grünen Matten
Soll das Ziel der Irrfahrt sein!
Laufet nun weiter, ihr endlosen Wege,
Ewig doch führt ihr an allem vorbei!
Länger nicht folg' ich euch, schwindelnde Stege,
Sammelt euch Schwalben, mit Reisegeschrei!
Sehnten sie nicht sich nach ferneren Stranden
Hin, wo ich kam mit Sehnsucht daher?
Flogen nicht Schiffe zurück nach den Landen,
Kreuzten sich Kraniche nicht auf dem Meer?

Einst noch in des Kindes Garten
Starb mir meiner Blumen Schaar!
Wie ich auch sie mochte warten,
Starben sie doch immerdar!
Sonnen sah ich stets aufgehen,
Wolken kamen für und für,
Und auf unsern nahen Höhen
Stand der Himmel über mir.

Und wo die Sonnen sich immer erhoben
Macht' ich mit Ernst zu erforschen mich auf;
Wo ich die Sterne gewahrt — nur da oben —
Klomm' ich die waldigen Berge hinauf;
Wollte den Blumen ihr Vaterland finden,
Die hier der Winter so grausam zerpflückt,
Wollte die Treppe zum Himmel verkünden,
Drinnen zu leben, hoch ewig beglückt!

Erde nur lag auf den Höhen,
Droben war der Himmel nicht!
Auf sah ich die Wolken wehen —
Drüben hinter Bergen dicht;
Ach, und stets an andern Enden
Ging die Sonne mir hinab,
Wußte nicht, wohin mich wenden
An dem irren Wanderstab.
Weiter fühlt' ich mich heftig gezogen,
Frug viel Kunden mit Sehnsucht mir ein:
Wo sie hin alle die Kraniche flogen
Kreisend die Morgenröthe hinein?
Da, wo die Kräuter her kamen geschwommen,
Glaubt' ich das ewigglückselige Land,
Und schon, den treibenden Wellen entnommen,
Hielt ich bewundernd das Kraut in der Hand!

Und ich kam in andre Zonen,
Wo schon ewig Sommer war —
Doch die Blumen ohne Schonen,
Starben dort auch immerdar!

Und hier hatten andre Sterne,
Ihren ew'gen Wunderlauf,
Und die Sonne — doch wie ferne —
Ging mir nun zur Rechten auf.
Und von der Erde wohl äußerstem Ende
Schifften da Männer gar wundersam her;
Ach, und mich fragten die Männer behende:
Ob es hier wäre, hier über dem Meer,
Wo sich die Sonnen aufschwängen zum Bogen,
Immer verschwindend, und andere neu?
Wohin die Kraniche alle gezogen?
Ob hier den Blumen ihr Vaterland sei?

Da mit ungehalt'nen Thränen,
Sank ich an des Mannes Herz:
Ach, umsonst ist unser Sehnen!
Unser Wahn ist unser Schmerz!
So wie ihr bin ich gezogen,
Folgend jedem Traumgesicht,
Doch das Herz hat mir gelogen
Und der Himmel ist — hier nicht!
Unten hier leben wir sterblich in Mühen,
Schön um uns schlummern die Blumen doch ein!
Und der Wolken hoch goldenes Glühen
Ist nur des Himmels Wiederschein!
Ziehet, ihr Lieben, nur wieder in Frieden,
Hier noch zum Abschied die redliche Hand! —
Und die Männer, und ich, wir schieden
Trauernd heim, wieder in unser Land. —

Abschied von Griechenland.

So lebe wohl, du Paradies der Erden,
Mit deinen Tempeln, deinen heitern Höh'n.
Mit stillen Hirten und mit lauten Heerden,
Mit Trümmern, im Zerfallen rührend schön!
Leb' wohl mit deinen Purpurwolken=Hallen,
Du reiner Himmel, blauer als Azur,
Du Land voll Krokus und voll Nachtigallen —
Leb' wohl, du dreimal selige Natur!

So bin ich auf dem Boden auch gegangen
Der einst die Götter und die Helden trug;
Nach dem Geschlecht ergriff mich ein Verlangen —
Ich weiß es, wie mein Herz nach euch mir schlug!
Ich rief im Thal, im Hain, in tiefen Schlünden,
Ich fand euch nicht, die Mauern standen leer,
So muß das Schöne von der Erde schwinden,
Kein Gott, kein Held, kein alter Sänger mehr!

Ach, da umarmt' ich die Olivenbäume,
Und zitternd griff ich nach der grünen Saat;
Da küßt' ich hier die Blumen, dort die Keime,
Die Erde küßt' ich da, worauf ich trat;
Vielleicht daß euch ein Theil davon gebührte,
Der jetzt lebendig im Gefilde steht,
Vielleicht als Halm, als Staub mich da berührte,
Als süßer Blüthenduft mich angeweht!

Die Felder alten Ruhms bin ich durchschlichen
Skamander's Feld, die Höh'n auf Gargara,
Die sel'gen Inseln hab' ich bang durchstrichen,
Und Delphi sah' ich und Arkadia;
Dort vom Olymp, den einst die Riesen stürmten,
Schaut' ich in seine Thale schroff und leer,
Parnassus sah' ich, einst den fluthumthürmten,
Athen, Eleusis und Korinthus Meer.

In dem Theater hab ich dort gesessen,
In Tempe ging ich oft um Mitternacht,
Vom Tejer-Weinstock hab' ich Frucht gegessen
Und all geschaut die alte Wunderpracht;
Aus Hellas Flüssen hab' ich lang getrunken,
Homeros Sonne hab' ich auch gesehn,
Ein Götterkind ist mir in Arm gesunken,
Drum könnt' ich froher jetzt von hinnen gehn.

Die alte Sonne kommt, die einst es sahe,
Grüßt noch das Land mit liebendem Gesicht —
Doch was einst Großes, Schönes hier geschahe,
Das sieht betrübt ihr weites Auge nicht!
Die Menschen nur sind hier herabgesunken,
Sie lebt noch üppig-schön hier, die Natur;
Vom alten großen kecken Geist kein Funken,
Der Götter um sich schuf — auch nur die Spur!

Dies Land ist nur der Schatten von dem alten,
Sein Leichnam nur, nicht Hektor mehr der Held;
Wo wären jetzt die hohen Gottgestalten,
Wo jetzt die götterschöne Menschenwelt,

Die Muster jeder Kunst für alle Zeiten,
Wovon das Land die stillen Zeugen trägt,
Der schöne Geist voll himmlisches Bedeuten
Auf jeden Scherben, jeden Stein geprägt!

In deinen Tempeln will ich dich verehren!
Dir sprach der Baum, der Quell, der Marmor laut,
Du konntest die Natur aus dir noch mehren,
Dich ehr ich dort, du hast sie dir erbaut;
Das Todte kann allein der Geist besiegen,
Und siehe, die Natur sie war beseelt!
Sie sehn nur jetzt den Leichnam vor sich liegen,
Es fehlt der Geist, der Todtenwecker fehlt.

Jetzt seh'n sie die Natur nur, die gemeine,
Jetzt stirbt der Baum hier ohn' ein leises Ach;
Zu Kalk verbrennt man unschätzbare Steine,
Ein Mond glänzt aus des Parthenon's Gedach;
Doch gehet ganz im Dunkeln eine Sage,
Daß einst ein Todtenwecker wieder naht,
Und Hellas säh' auf's neu die alten Tage,
Ein neu Geschlecht beträt' den alten Pfad!

Sie lügt, die Hoffnung täuschet nur die Thoren!
Nur Einen Frühling hat ein jeglich Jahr,
Und was vergangen ist, das ist verloren,
Ein jed' Geschlecht tritt ab auf immerdar;
Schwer über jedem Volke droht das Wetter
Und endlich widersteht's nicht mehr der Zeit —
Und siehe, hier entflohn die guten Götter!
Das Marmorvolk irrt durch die Welt zerstreut!

Wer will die alten Tempel wieder bauen,
Wer zündet neu den alten Glauben an?
Wer führt die Götter in die Heimath=Auen,
Und thut sie wieder auf, des Isthmus Bahn?
Und könntet ihr's — wer ruft die Helden munter?
Daß sie sich wenden zu dem alten Recht!
Bald geht das Schatten=Nachspiel wieder unter,
Sein neues Leben lebt ein neu Geschlecht.

Nie wird das schöne Alter wiederkehren,
Nur kurz geblüht, starb es auf ewig hin;
Hier wird man keine Götter mehr verehren,
Durch dies Feld kein Bacchantenzug mehr ziehn.
Die Helden sind in tiefen Schlaf verfallen,
Und ihre Jahre kreisen nimmermehr,
Mit ihnen zogen sie in ferne Hallen,
Das Land verfällt — und ewig schläft Homer.

Der Hirte wirft mit Trümmern in die Rinder,
Aus heilgen Zweigen macht er ein Geflecht,
Um Theseus Tempel spielen lustig Kinder,
Hier lebt ein schwer=bedauert leicht Geschlecht.
Hier in dem Lande möcht' ich nimmer wohnen;
Denn nicht auf Gräbern könnt' ich glücklich sein.
Drum eil' ich lieber fort in kalte Zonen —
Doch ach! — auch dort spinnt sich Europa ein.

O Schiff, dich bitt' ich, mich dahin zu tragen
Wo nie das theure Vaterland vergeht!
Dorthin, dort, weitweg — zu den Lotophagen,
Wo einst Odysseus war, vom Sturm verweht.

Dort wollt' ich die Vergänglichkeit vergessen
Und allen Kummer einer finstern Zeit,
Still mit den Lotusessern Lotus essen,
Von aller Welt, von allen Leiden weit.

Drum lebt ihr Menschen auf den Inseln fröhlich
Das Leben leicht in Liebe und Gesang!
O lebt auf euren alten Gräbern selig
In ungestörter Lust und Wonnedrang.
Du Mitylen, du schönes Chio schaue
Den Tag der heil'gen Freiheit bald, o bald!
Beglückt wie möglich ruht dann Ilion's Aue,
Wenn frei vom Ida, frei die Flöte schallt.

Selbst diese Trümmer werden einst zerfallen
In's Erdgrab, drein die Sonne alles gräbt,
Und keine Spur bleibt von dem Schönen allen,
Doch hat ein edles Volk hier ausgelebt.
„Freut euch des Lebens!" hört' ich oftmals singen,
Sie leben, ihnen ist die Sonne werth,
Und ihnen taugt das, was sie jetzt vollbringen:
Denn ewigen Geschlechtern blüht die Erd'.

Die Vaterlande werden all zerfallen
Nach eines jeden Volkes Jünglingswahn;
Dann liegt es in der Erde stillen Hallen
Erst mitten in des Lebensstromes Bahn.
Kein Volk wird herrschen, keines groß vor allen,
Doch eine größre, beßre Zeit hebt an:
Das Land des Gottes! jene heil'gen Hallen
Voll Kunst und Werk, was jedes werth gethan. —

— So wirst du ohne mich dahinten liegen,
Die Heerden werden auf den Brachen gehn,
Die klaren Flüsse rasch zum Meere fliegen,
Die Bienen summen nach Hymettus Höhn,
Geschlechter werden kommen und vergehen,
Viel tausend Lenze über Hellas stehn,
Viel Sonnen werden auf und untergehen:
Doch ich — ich werd' es ewig nimmer sehn.

So lebt denn wohl, ihr blühenden Gestade!
Zurückgewandt, steh', schau ich nach dem Port;
Ach, weinend trägt das Schiff mich blaue Pfade,
Lebt wohl, auf ewig trägt mich's von euch fort.
Noch klingen Silberstimmen mir herüber,
Noch weht der frische Küstenduft mich an,
Ein Gold- und Rosen-Himmel schwebt darüber,
Der blaue Hirtenrauch steigt wolkenan.

Die Wipfel wehn im goldnen Abendscheine
Die Vögel zwitschern froh den Nachtgesang!
Schon morgen seh' ich's nicht — es lebt alleine,
Schon schwächer, immer schwächer stirbt der Klang.
O wie so schön die Sonne dort verblutet,
Dort über Ithaka — hinab — hinab!
Ihr hohen Wogen brauset, schwellet, fluthet!
Leb' wohl, leb' wohl! — Ihr Winde wühlt ein Grab!

Offener Gruß.

An die Deutschen.

Und wiederum geschehen Wunderzeichen:
Der Ararat stürzt ein — ward Noah's Grab,
Wenn er noch in dem Kasten saß, dem weichen!
Die Sonn' hat Flecken wie ein weißer Rab',
Viel Erden groß; leis' flüstert's in den Reichen,
Und Kön'ge, Königinnen danken ab;
Vor Schrecken fährt der Franke in die Waffen
Und ganze Schaaren stehn nach Neuem gaffen.

Horaz hat Menschen Federn abgesprochen —
Doch fliegen sie, weit über Land und See!
Des Himmels Erzgewölbe ist zerbrochen,
Groß schaut der Mensch froh in die offne Höh'!
Kein Bonze darf auf alte Dummheit pochen,
Es ist besiegt, verwirrter Zeiten Weh;
Und der sie lang gefesselt die Geschicke,
Napoleon, kommt als Todtenstaub zurücke.

Und Kinder kommen jetzt mit allen Zähnen
Schon auf die Welt, die Taube wird Spion;
Der Starke spielt mit Tigern und Hyänen,
Der Großtürk selbst giebt Constitution
Den Türken; du, Erkenntniß-Baum, giebst Späne;
Die Mäuse spinnen Woll' um Tagelohn,
Wir aber sind viel besser als viel Mäuse
Und jeder Schnecke wächst noch ihr Gehäuse.

Doch uns — uns gelten keine Wunderzeichen,
Uns gilt der Thor nicht, gilt die Thorheit nicht,
Gespenster mögen nahen und entweichen,
Sie fließen in ihr Nichts an unsrem Licht.
Am Milden muß der Zornige erbleichen,
Wir sehn die Welt mit ruhigem Gesicht;
Uns gilt es gleich, ob andre mit Verlangen
Fern pilgern, um zum Fußkuß zu gelangen.

Uns gilt es gleich, wem Kydron's Bach gehöre,
Der kaum ein Schaaf mehr tränkt: uns gilt es gleich,
Ob China's Kaiser ganze Götterchöre
Nur durch Kalenderspruch ernennt im Reich;
Uns gilt es gleich, ob Froschvolk sich verschwöre
Zum Untergang des Teichs — ihr Todesstreich!
Das sind nur Wolken, in beseßner Seele,
Die Wind verjagt, wie Samum selbst Kameele!

Uns gilt der Tropfen Wasser mehr als Wellen!
Uns gilt der Geist nur, gilt das Werk: Natur,
Uns gilt: des Geistes Tiefen aufzuhellen
Um rein zu wandeln auf der Mutter Spur;
Und ihr Gesetz dereinst ihr hinzustellen
Als Buch, als Lehr' an alle Creatur,
Die frohe Botschaft dieser Welt zu geben,
Das ist der Deutschen Thun und höchstes Leben.

Nur Archimedes Wort ist uns're Bitte:
„Stört unsre Geisterkreise nicht!" sei's Knecht,
Sei's Herr, so Feind, wie Freund in unsrer Mitte,
(Der Unduldsame nur ist dumm und schlecht)

Ja sei's ein Volk von Feinden! Unsre Hütte
Beschützen wir mit jüngst bewies'nem Recht.
Die Gleichheit nicht — die Ungleichheit soll leben,
Ihr hat die Freiheit Gott der Herr gegeben.

So ruhig-kraftvoll auf euch selbst gegründet
Laßt uns vergang'ne Völker scharf beschaun,
Wie sich die Wahrheit überall entzündet,
Wie fleißig jetzt die Geister an ihr baun;
Mit offnem Wort, treu wie das Herz empfindet,
Sprecht! — Hört aus allen Gegenden der Welt!
Mit Liebe Allem was da lebt gewogen
Und Haß dem Irrthum, Allem was erlogen!

Nur keine Furcht vor allen Teufelsschaaren!
Was alle Guten still geträumt, erdacht,
Gewünscht vor hundert, nur vor funfzig Jahren,
Das ist um uns geworden und gemacht!
Und was da künftig soll sich offenbaren,
Das denkt der Gute heut in stiller Nacht,
Und das, was heut die Guten alle wollen
Wird Werk; wird als Geschichte sich entrollen!

Lied.

Ohne mich kann ich nicht leben,
Ohne mich kann ich nicht sein;
Drum will ich mich mir ergeben,
Und mein Leben mir nur weih'n

Doch nun mußt du redlich fragen:
Wer und was denn du auch bist?
Und der Geist wird Antwort sagen,
Was dies Ich denn Alles ist.

„Wie die Frucht ein Baum getrieben,
Reich voll Saft der ganzen Flur,
Kommst du aus dem vollen Lieben
Aus dem Schatzhaus der Natur."

„Wiederum in allem Schönen,
In der Wesen dichten Reihn
In der Wahrheit vollen Tönen
Kann nur deine Gnüge sein."

„Diese Fülle zu ermessen
Habe liebend nimmer Ruh!
Wo du deiner ganz vergessen
Wirst du erst dein wahres Du."

Hör' an, mein Volk!

Hör' an, mein Volk, das treue Wort
Ein Wort wie Stahl und Eisen;
Der Himmel spricht es fort und fort
Ihr sollt es ihm beweisen.

Laßt Gott den Vater König sein,
Den lasset in euch thronen!
Lebt, wie er würde, hehr und rein,
Ihr tragt ihm seine Kronen.

Ihr Kleinen, legt die Kriecherei
Vor falschen Großen ab;
So legt ihr Stolz und Tyrannei
In ihr schon offnes Grab.

Verlangt in keine Fürstengruft,
Nicht in den Besenwinkel,
Ein Mann im Grabe ist kein Schuft,
Bestärkt nicht Fürstendünkel.

Wehrt von euch „von" und Ordensband,
Steht eisern wie die Mauern;
Lacht, lacht zu Vogelsteller-Tand,
Laßt euch die Thoren dauern.

Es braucht nicht Sturm, es braucht nicht Schwert,
Das Menschsein euch zu retten —
Im Herzen seid der Freiheit werth,
So fallen alle Ketten.

Das Grab der Deutschen.

Ein neues Grab habt Ihr erfunden
Für alle Leiden, alle Noth;
Es steht euch offen alle Stunden,
Darein begrabt ihr euern Tod —
Darein begrabt ihr euch lebendig:
Herz, Zunge, Geist — in Gnüg' und Fried';
Laut tröstet euch das Grab beständig,
Das Grab es heißt: — „das deutsche Lied!“

Das deutsche Lied in allen Gauen
Wie schön von Berg und Thal es schallt!
Die Jungfraun singen's, edle Frauen
Und stolz aus Männerbrust es hallt!
Die Kinder singen's schon mit Sehnen
Die Bettler singen's fromm am Stab',
Das Lied ist Hoffnung, Ehr' in Thränen,
Das Lied es ist: „der Deutschen Grab.“

Gewiß, daß aus dem Geistergrabe
Der Geist der Lieder aufersteht,
Mit Siegeskranz und Heroldstabe
Durch alle Lande jauchzend geht!
Drum singet hohe deutsche Lieder,
Begrabet Freiheit drein und Fried',
Begrabner Geist lebt herrlich wieder —
Der Geist er ist: „das deutsche Lied!“

Männerstolz.

Stets brav und frei zu bleiben
Das ist die edelste Kunst;
Gleichgültiger nichts auf Erden
Als großer Herren Gunst.

Wer schifft nach allerlei Lichtern,
Die hüpfen am sumpfigen Strand?
Nach der himmlischen Sonn' und den Sternen
Schifft ihr in der Freiheit Land.

Der Eine liebt Soldaten,
Er fürchtet sich vor dem Krieg;
Dem möchte man exerciren
Und ihm erstreiten den Sieg.

Der Dritte liebt die Pfaffen
Ob seiner Sünden Schuld;
Da möchte man rutschen und beten,
Als Schaaf voll Engelsgeduld.

Sich eigen und stolz zu bleiben
Das ist der Menschen Kunst.
Nichts wandelbarer auf Erden
Als wechselnder Herren Gunst.

Was ist die Sonne der Geister
Nach der man die Seelen stellt?
Die Wahrheit ist es im Herzen,
Die Freiheit in aller Welt!

Stiftung.

Sinnspruch:
Lieber trocknes Brod
Als in Fleisch den Tod!
Noth- und Hülfsbüchlein.

Vier Stimmen.

Heut stift' ich euch den allerheil'gen Orden:
„Zum trocknen Brod!"
Wir sind nun stark, wir sind nun frei geworden
Durch unsre Noth.
Wer trocknes Brod mit Freuden essen kann,
Der ist allein der edle freie Mann.

Chor.

Erhebt das Brod! Das Seelenbundeszeichen:
Von Wahrheit, Freiheit nimmermehr zu weichen!

Vier Stimmen.

Die Edlen all', sie haben's still gegessen,
Ihr trocknes Brod.
Drum sind sie groß, sind herrlich, unvergessen,
Auch noch im Tod'.
Nicht Weizen ist der großen Zukunft Saat —
Brodkrumen sind's, der Männer Kraft und That.

Chor.

Verkauft euch nicht! Die Zunge um die Zunge!
Das Herz für Kreuz! Für Trümmer alles Junge!

Vier Stimmen.

Ihr braucht nicht sie, die Großen, Hohen, Reichen,
Bei heil'gem Brod —
Sie brauchen euch! Sie müssen euch erweichen,
Sonst sind sie todt!
Sie müssen wie um Bräute um Euch frei'n!
Den Männerstolz den haltet fest und rein!

Chor.

Heil Jedem, dem nur Freie dienen sollen
Am Menschenbau. Wir sammeln Kraft im Wollen.

Vier Stimmen.

Schmach jedem Weib, das euch um Tand geböte
Ein Sklave sein!
Die Närrin flieht, die Schändliche erröthe
Bei Gold und Wein!
Das edle Weib ist edler als der Mann!
Sie kann mit Lust, was er mit Schmerz nur kann.

Chor.

Es lebe das Weib, das selbst voll höchster Ehre,
Den Mann noch stählt, den Weibern baut Altäre!

Vier Stimmen.

Nun bringt mir still noch einen Becher Wasser
Zur Weihe her!

So lange Gott dem Mann das quillt, verlaß' er
Gott nimmermehr!
Euch lehre Wolk', und jeder Tropfen Thau:
Das Vaterland ist unser Menschenbau!

Chor.

Uns soll nicht Bann, nicht Fürstenmißgunst rühren,
Das große Werk mit Inbrunst auszuführen!

Lied auf der Pyramide.

Auf goldenem Wolkenkahn schiffet der Mond
Hoch über die Erde hin lenkend,
Wie ewig er waltet, wie himmlisch er wohnt
Mit leuchtendem Antlitz gedenkend;
Er kommt wie ein Geist aus der uralten Welt
Die er einst gesegnet, geweiht und erhellt.

Er kommt wie ein Geist aus der uralten Zeit,
Die ihm auch auf immer verloren!
Die Menschen gestorben, die Mauern zerstreut,
Schutt, Theben mit hundert Thoren!
Ihr Mumien, die Zeit ist nun um — erwacht,
O kommt, und beweint die versunkene Pracht!

Mich däucht: in der sprengenden Frühlingspracht
Auf müßtet ihr Todten erstehen;
Wie alles erwachet, aus eurer Nacht
Hervor zu den Lebenden gehen!
O Mond, o so brauche die Zaubergewalt,
Verjünge mit Leben die Staubgestalt!

Umsonst, die Todten stehen nicht auf;
Was gelitten ist, bleibet gelitten;
Nie führt sie die Sonne in richtendem Lauf
Auf's neu' in die vorigen Hütten!
Die Herzen zu Staub, und verglühet der Blick —
Was rühret sie selbst nun ihr eignes Geschick!

Wer streute das schreckliche Gift in die Welt?
— Auch mir sind die Meinen begraben! —
Sie blühet, sie scheint — sie verlischt und zerfällt!
Wer machte dich, Isis, zum Raben,
Wer machte zum eigenen Grabe dich bang?
Wie lang' noch begräbest du dich selber, — wie lang?

O Isis, komm' und vertraue du mir
Dein schreckliches Wonnegeheimniß!
Was übest du an dir, der Lebendigen dir,
An den Todten so grause Versäumniß?
Und bist du sie Alle, dann wehe dir, weh!
Wer ist, dem so Grauses wie dir gescheh'?

„Nur Einer, mein einziger Geist nur lebt
In den großen, den heiligen Hallen;
So oft man auch meine Masken begräbt,
Hört wieder als Kind man mich lallen!
Ihr traget, geheim, mir als Masken die Zeit —
Euch ist mich zu träumen die Seligkeit."

Jacob Böhm's Verklärung.

Am heilgen Osterabend, da die Hirten
Schon alle heimgetrieben, hütet' ich
Nur noch allein; die Abendlerchen schwirrten,
In Feld und Büschen regte Frühling sich,
Die Tauben in der Krone*) Felsen girrten,
Ich aber saß und weinte bitterlich;
Gestorben waren mir die theuren Herzen,
Ich hatte nichts als mich und meine Schmerzen.

Und dieses Buch. Und las' ich in dem Buche,
So kam gewöhnlich auch der alte Mann,
Der einstens, daß er mir den Geist versuche,
Mich in den Berg geführt, wo Silber rann.
Nun frug er mich auf's neue, was ich suche? —
Die Todten such' ich! hub ich traurig an.
Und willst du mir nicht deine Leiden sagen? —
Er frug so sanft, da mußt' ich ihm sie klagen!

Es ist umsonst, die Elemente nagen
An meines liebsten Lebens schönster Pracht;
Die Sonnen wandeln ohne mich zu fragen,
So Frühling wird's, und Winter, Tag und Nacht,

*) Die Landskrone bei Görlitz.

Die Sterne seh' ich auf und ab sich wagen,
Spottglänzend düstrem Zorn und eitler Macht —
O daß nicht, was mich quält, ich müßte, sollte?
Sei'n auch die Todten todt, wenn ich's nur wollte!

Es ist umsonst dein Leid, mein Geist; es stellen
Verlornes Glück nicht Träume wieder her;
Nur einmal wogt, was lebt auf hohen Wellen,
Dann mischt und wühlt's der Wind in grundlos Meer;
Du leuchtest bang hinab es aufzuhellen,
Versunken bleibt's, es bleibt der Busen schwer.
O wäre mit dem Leben jener Stunden
Auch der Erinnrung Bild zugleich verschwunden!

Mir ist, als könnt' ich alles noch bereiten,
Als säß ich noch, ein Kind, im Traum von Glück;
Wie nur aus einer Phantasie der Zeiten
Die nicht gelang, mißfallend meinem Blick,
Zerstört in Nebelduft die Wirklichkeiten,
Ruf' ich den Geist in seine Welt zurück:
Von allem, was so wie das Kind vergangen,
Fühl' ich mich neu, wie noch das Kind umfangen.

Und heiß' ich nun den Geist ein Andres sinnen,
So will er gern dem Traum gehorsam sein:
Wohl fängt er fröhlich an sich einzuspinnen,
Doch laufen schwarze Fäden bald mit ein!
Es fällt ihm ein sein eigenes Beginnen,
Sein Netz bespiegelt heut'ger Sonne Schein,
In Luft gehängt verwirrt sich sein Gewebe,
Und nüchtern seh' ich weinend, wo ich lebe! —

Nun sprich: Wo lebst du denn? — so frug der Alte;
Wer säte denn der Sterne goldne Saat?
Denn als die Zeit kam, daß die Welt erschallte,
Da saßen alle Geister wir zu Rath,
Und gaben ihr: daß sie sich selbst verwalte;
Mein Wort auch ward zu Welt und Werk und That.
Und sollt' ich nun mein eignes Wort vergessen?
Das hieß' den Bund gebrochen, und vermessen!

Fest in der Weisheit goldne reine Schale
Ward einst die ganze schöne Welt erbaut,
Und nach dem unvergänglich klaren Male
Mit scharfer Richtung, gleichend hingeschaut;
Was wohnt und wirkt in diesem Himmelssaale
Von einem Götterfrieden wird's bethaut;
Es kann ihm Abgewognes nur begegnen,
Der blinde Sinn vermag's nur nicht zu segnen.

Es ist nur alles, und nichts ist gewesen.
Es giebt nicht einen Todten! fort den Wahn!
Still schwebt ihr sicheres verklärtes Wesen
Nicht hinter dir, es flieget dir voran!
Und wie der alten Jahre Kraft und Wesen
Sich jetzt im neuen Lenz hervorgethan,
So ist die Vorwelt in das Heut verwoben,
In ew'ger Gegenwart dir aufgehoben.

Sieh, heut noch ist die ganze Welt im Werden,
Denn Lebenskraft ist auch die Schaffungskraft;
Die Sonn' umsingen tanzend ihre Erden,
Heut fällt sie, wenn sie sich nicht selbst errafft!

Das eigne Mark ernährt der Sterne Heerden,
Die Welt ist's, die fortan sich selber schafft;
Wie aus der ersten Nacht, mit gleichen Mächten,
Entreißt sie sich noch heut des Chaos Nächten.

Und wie der Sonne nie die Tag' entschweben,
Denn sie ist selbst erst andern Tag und Licht,
So steh' ich Mittelsonne brütend Leben,
Und das Vergangene verging mir nicht:
Es glänzte nur von meines Glanzes Weben,
Fest bleibt mir Ruhenden es im Gesicht.
Was schwebt und scheint und flieht — um mich ja kreist es —
Das ruht im ew'gen Strahle meines Geistes.

Welch Unglück jemals kann der Mensch erleiden?
Der Mensch, ein Geist der innersten Natur,
Kann jemals sich der Geist vom Geiste scheiden!
Was kränkte doch den Ewigersten nur!
Und will er auch nun Leib und Erde meiden,
Er wandelt fort auf seiner eignen Spur,
Und hinter ihm die Windeln bleiben liegen,
Durch seine Welt kann er nach Willkür fliegen.

Denn nicht ein Muß ist's, das den Freien bindet,
Er hat sich selbst die Ordnung einst gesetzt,
Wie sie die Erd' und Sonne nun verkündet;
Ihr strenges Halten macht ihn hochergötzt.
Es braucht nur, daß der Mensch sich selbst ergründet,
Der weigernd sich in Thränen selbst verletzt:
Sieh in dir das Gesetz, das dich umfangen,
Dann ist dir deine Allmacht aufgegangen.

Und also soll die ganze Welt bestehen;
Es sollen, im Vereine, fern, allein,
Die Sterne sich in sanften Kreisen drehen,
Die Zukunft schließe mir die Blume ein,
Was irdisch ist, soll welken und vergehen,
Das Alterthum, es soll vergangen sein.
Daran erkenn' ich meinen ew'gen Willen,
Daß ihn die Elemente stracks erfüllen.

Ich will ja hoffen, und ich will ja lieben,
Will die Natur als schöne Todte sehn!
Ich will den Glauben, will das Schauen üben,
Will die Natur als Braut sehn auferstehn!
Ich will ja weinen, will mich ja betrüben,
Als Bettler arm auf meiner Erde gehn.
Wo ich kann gut sein, ist das Sein das Beste,
Und heimlich feier' ich sel'ge Götterfeste.

Ich will nun, daß mein Haar sich silbern färbe,
Nachdem es lange braun und blühend war;
Nun will ich, daß ich Alter, Müder sterbe,
Wie ich gewollt, daß mich ein Weib gebar;
Damit ich andres Dasein mir erwerbe,
Nachschwebe der mir vorentschwebten Schaar.
Wie's in dem neuen Kreise wird ergehen,
Nach meinem Willen wird mir nur geschehen.

So freuet mich die Welt, mein Schmuck, im Stillen,
Und was auch alles außer mir geschieht,
Ist mir, als thät' ich alles selbst erfüllen,
Und alle Sphären sängen nur mein Lied;

Sie fragen mich nicht mehr um meinen Willen,
Sie haben ihn! Ich segne sie in Fried'.
Auf meinen eignen Flügeln hingetragen
Will ich des Himmels Hallen all' erjagen. –

Und zu der Worte staunendem Beweise,
Zog er das sternenvolle Himmelblau
Wie einen Vorhang weg, daß ich im Kreise
Der Geister selbst mich an der Tafel schau',
Wie sie zu Rathe saßen, und noch leise
Dort sitzend wirken an dem heil'gen Bau —
Und meine Todten lächelten mir nieder,
Und leise schloß der Geistersaal sich wieder.

Da fühlt' ich mich als einen andern Hirten,
Und andre goldne Lämmer hütet' ich!
O Lust, o Glück, wenn nun die Lerchen schwirrten,
Und regte Frühling um die Gräber sich!
Und wie die Tauben in den Felsen girrten,
So saß ich noch und weinte — wonniglich!
Und daß euch bleibe das, was mir geblieben,
Hab' ich des Alten Wort euch aufgeschrieben.

Lied aus dem All.

O Herbst mit bunten Flügeln
So schnell schon bist du da,
Hoch weilst du auf den Hügeln
Dem Schönen tödlich nah!

Und wie du kommst dich zeigen,
Wird Stille in der Welt.
Die Vögel plötzlich schweigen,
Das erste Blatt — es fällt.

Die grünen Wälder falben,
Die Blumen weinen Thau;
Laut fliehen bang die Schwalben,
Und Schleier trägt die Au.

Denn du, du singst im Fernen
Dein heilig altes Lied
Aus jenen Himmelssternen,
Wie aller Welt geschieht:

„Den alten Wonnebecher
Der Götter bring' ich euch!
Draus trinkt, ihr tausend Zecher,
Und werdet Göttern gleich."

„Des Frühlings Pracht und Scheinen
Erweckt aus Schlaf den Blick —
Das Schöne zu beweinen
Erfrischt uraltes Glück!“

„Denn ist es hingeschieden,
Fühlt, wie die Seele strebt!
Fühlt, daß in heil'gem Frieden
Das Schöne in euch lebt!“

„Ich ziehe durch die Himmel,
Ich raube was da blüht —
Und führe in den Himmel,
Der in der Seele glüht!“ —

Der Lebensabend.

Der Tag hat seinen Abend,
Das liebe Leben auch;
Dir sinkt er, dich begabend,
Nach seinem alten Brauch.

Die Ruhe thaut er nieder,
Mit ihr fehlt etwas kaum;
Die Kindheit bringt er wieder
Und jedes Glück — als Traum.

Das ist die heil'ge Stille
Der Samstag süß vor Nacht.
Die Arbeit und der Wille
Hat sich zur Ruh gemacht.

Wie Abends jeder Wandrer,
Geht jeder Gram nach Haus.
Zum Fenster sieht ein Andrer
Nun bald bei dir hinaus.

Verweht ist das Erlangte,
Verlornes ist dahin;
Wovor der Seele bangte
Das floß zu Duft im Sinn.

Jetzt giebt dir's keine Todten,
Von dir nicht mehr beklagt;
Sie wurden dir nur Boten
Die längst dich angesagt!

Das Auge wird dir helle
Die schwere Brust dir leicht;
Treu auf derselben Stelle
Hast du die Fern' erreicht.

Die früherſehnte Ferne,
Sie ist nun plötzlich nah.
Dein Nachtgeleucht, die Sterne
Sind da, sie bleiben da.

Wohin du oft geschmachtet
Hinaus in alle Welt —
Trägt dich ein Schlaf umnachtet,
Dein Haus, das ist bestellt.

Für Künstler.

Göttergesang

zum ersten Frühlingstage.

Herbei, herbei, aus euren Winterhüllen
Zu diesem sonnehellen Götterfest!
Herab, herauf, aus allen Sternenfüllen,
Ihr Unnennbaren, her, im sanften West!
Versammelt euch, ihr buntverlarvten Schaaren,
Laßt uns nun hier sein, die wir droben waren!

Chor.

Versammelt euch, ihr ungezählten Schaaren,
Laßt uns nun hier sein, die wir droben waren!

Heran zu diesen brechend vollen Tischen,
Wie Adler laßt auf Flügeln euch herab;
Langt zu, die alten Seelen zu erfrischen,
Mit Wallfischflossen steigt aus eurem Grab;
Wir sind nun da, wir sind's, wir sind es Alle,
Jauchzt auf, daß es die Säle laut durchhalle!

Chor.

Wir sind nun da, wir sind's, wir sind es Alle,
Jauchzt auf, daß es die Säle laut durchhalle!

Wir sind es noch, die wir schon ewig schwärmen!
Der alte Himmel deckt das neue Thal!
Das Licht woran sich jenseits Riesen wärmen,
Sieh, holde Blumen küsset hier sein Strahl.
Gegrüßt, ihr Riesenbilder alle droben,
Die wir hier rund um Eine Sonne toben!

Chor.

Gegrüßt, ihr Sternenbrüder alle droben,
Die mit uns rings um Eine Sonne toben!

Auf diesen Hügeln liegen Thyrsusstäbe,
In jenem Grabmal rostet Todtenerz;
Mit Schaudern fass' ich's an, ich wein', ich bebe,
Die Erd' ist rings geweiht durch Wonn und Schmerz.
Ihr guten Geister, die die Erde weihten,
Ihr seid entschwebt. Wir wissen das zu deuten!

Chor.

Ihr guten Geister, die die Erde weihten,
Ihr seid entschwebt. Wir wissen das zu deuten!

Ihr Geister, die zuvor sich hier erfreuten,
Heil euch, Heil uns! ihr schwebt uns stets voran;
Euch fest im Auge folgen wir vom weiten,
Macht uns, wie hier, auch dort so gute Bahn!
Und endlich nach den neugefundnen Gleisen
Woll'n wir das drängend kleine Völkchen weisen.

Chor.

Wir wollen nach den neugefundnen Gleisen
Das drängend kleine Völkchen endlich weisen.

Ihr, die ihr einst in stillem Silberlichte
Abtaucht zu diesem sternehellen Fest —
Fort sind wir euch, zerstreut, aus dem Gesichte,
Doch fühlt uns euch umwehn im sanften West.
Seid ewig selig, endlos lange Schaaren,
So nach uns fort, wie wir es schaffend waren.

Chor.

Seid ewig selig, schöpferische Schaaren,
So nach uns fort, wie wir es segnend waren!

Uns laßt nun jeder alten Fahrt vergessen;
Mit ganzer Seele ruht der Erd' im Schooß!
Der Weg war weit, die Bahn ist nicht zu messen,
Ruht aus — schon dreht sich eines jeden Loos!
Gegürtet steht und eßt, den Stab in Händen,
Bereit, euch nach der Weisung stracks zu wenden.

Chor.

Gegürtet steht und eßt, den Stab in Händen,
Bereit, euch nach der Weisung stracks zu wenden.

Doch eins! — der Schwarm ist groß, man kann sich fehlen,
Es liebt sich bald, was nur beisammen ist —
Wir auch, die wir hier schwelgten in den Sälen,
Daß nur, verwandelt, keiner das vergißt! —
Man soll uns nur die Allgestalt'gen nennen,
Wir wollen an der Liebe uns erkennen.

Chor.

Man soll uns nur die Namenlosen nennen!
Nur an der Liebe wollen wir uns kennen.

Frühlingslied in Tivoli.

Gesungen von deutschen Künstlern.

Vacuum Tibur placet.
Horat.

Hier lagert euch im Kreise
In's allerneuste Grüne,
Im Schatten der Ruine,
Hier säuselt es so frisch!
Hier lebt auf ält'ste Weise:
Die Diener sind die Hände,
Die Mauern Blüthenwände,
Die Erde ist der Tisch.

Spät in Elysiums Auen,
Wohin die Mumie wollte
Im Munde mit dem Golde,
O seht, da sind nun wir!
So überblüht zu schauen,
So voller Gnüg' und Frieden —
Der Hain der Hesperiden,
O seht, das ist er hier!

Doch haben wir, die Gäste,
Auf diesen grünen Höhen
Uns lange nicht gesehen,
Wohl hunderttausend Jahr!
Am feierlichen Feste
Laßt Alte mit den Neuen
Sich hier zusammen freuen
Und manches liebe Paar.

Der Wasserfall, die Wiesen,
Die gar so heitern Höhen,
Wenn wir sie recht besehen,
So ist's die Erde noch!
Sie ist's nach allem diesen:
So lebe denn die alte,
Die ewig neu gestalte,
Die Erde lebe hoch!

Und schön ist sie, wie nimmer,
Erst recht mit diesen Resten,
Bestreift von Blüthenästen,
So rührend, so allein!
Die alt-ehrwürd'gen Trümmer
Mit Epheu reich behangen,
Mit Himmelsglanz umfangen --
Kann etwas schöner sein?

Und die dort blickt, die Holde,
Dort um die alte Säule
Schon eine ganze Weile
Mit lieblichem Gesicht

So hell im Abendgolde —
Ich gäb' die jungen Glieder
Um frische Tempel nicht,
Um zehn Sybillen nicht!

Wen je ein Aug' entzückte,
Um wen in stillen Nächten
Ein Arm mit Liebesmächten
Sich wand, ein Diadem;
Wen je ein Freund beglückte,
Der werf' in's Glas die Blume
Und trink' dem Alterthume
Ein dankbar Requiem!

Ihr aber holt, Geweihten,
Aus aschenstillen Tagen
Die Lieder und die Sagen,
Holt alles Schön' herauf!
Verjüngt die alten Zeiten,
Erfüllt der Vorwelt Träume,
Und strahlt als Herrn der Räume
Gleich Frühlingssternen auf!

So blüht, nach dem Gewitter,
Wie neue Rosen schwellen
Auf alten Rosenstellen —
Die Erd' ist euch bereit!
Vor eurer Brust die Zither,
Beschwebt mit reinem Flügel
Die überbunten Hügel,
Sie sind nun euch geweiht.

Nun lagert sich die Sonne
Zu uns herab in Blüthen,
Die lang schon vor ihr glühten,
O seht, sie kommt, sie blinkt!
Nur immer näher, Sonne,
Hierher, herein! erfülle
Mit deinem Glanz die Stille!
Ach nein, — sie geht, sie sinkt.

So sinke sanft denn nieder!
Und laß uns hier gewöhnen
An dein fortew'ges Tönen,
An solchem neuen Ort!
Komm' morgen früher wieder,
Und schenke deinen Söhnen
Den Segen alles Schönen,
Und durch uns Allen fort!

Der Verzagte.

Schweb' ich nur, wie her verloren,
In der schönen Frühlingspracht;
Zu dem Glück sei ich geboren
Und die Welt für mich gemacht!
Ach, wie könnt' ich mich vermessen,
Durch den Perlenthau zu gehn,
Und in glühndem Trieb vergessen
All' das für mich da zu sehn!

Wie sie Blumen zu pflücken wagen!
Selbst genug sich in dem Sinn,
Und die Welle muß sie tragen,
Spannen dem Wind ein Segel hin —
Und die Blume läßt sich pflücken,
Und die Welle trägt sie auch!
Ihnen muß Natur sich schicken,
Als sei dies der rechte Brauch.

Kaum wag' ich den Duft zu trinken,
Und der Vögel Lied mein Ohr;
In die Schönheit zu versinken,
Stellt die Jungfrau mir sich vor!

Darf ich nur auf Blumen weinen
Sie bewundernd in der Brust —
Mich erdrückt der Sonne Scheinen,
Scheu, wie jeder Schuld bewußt.

Sieh, da steht ein Regenbogen,
Mich beträuft des Himmels Thau!
Und der Bach, leis hergezogen,
Trägt ja auch dein Bild, o schau!
Hat sich das auch mir begeben,
Ist die schöne Pracht auch mein,
Darf ich's wagen auch zu leben? —
Ach, wie selig werd' ich sein!

Der Anmaaßende.

Machen viele viel daraus,
Sonne, dich zu schauen —
Ich tret' auf den Berg hinaus,
Nenn' das meine Auen;
Bin, Natur, bin ja dein Kind,
Mein die tausend Blumen sind!
Schönes Mädchen, laß dich fassen,
Frucht, du mußt dich brechen lassen.
Sonne, mußt in's Glas mir scheinen:
So ist's recht und würdig;
Denn der himmlischen und reinen
Bin ich ebenbürtig.

Junges Genie.

Wer, o Welt, wer kann dich fassen?
Aber wer erst kann dich lassen,
Wie du schön und thöricht bist!
Sagt, was überall man ehret,
So, daß keiner mir es wehret,
Was das Herz der Herzen ist!
Was ist Glück; das Glück für Jeden?
Welche Sprache soll ich reden,
Und was kleidet mich hie und da?
Was ist morgen nicht vergebens,
Was ist heute werth des Strebens;
Welche Lust bleibt immer nah?
Und wie schmacht' ich nicht bei Meiden!
Soll ich Tag und Nacht auch scheiden,
Hier die Nacht ist dort der Tag! —
Nein, ich will nicht Schein, nur Wahrheit!
Reines Leben, Sonnenklarheit!
Nur dem Ew'gen streb' ich nach.

Stimme.

Alles ist dort,
Alles ist hier!
Merke das Wort:
Alles in dir!
Wirst du in Einem die Allen erst sehn,
Wirst du in Allen das Eine verstehn!

Jünglingshoffen.

Wie schwellt mir Ahnung oft so voll die Brust
Von ungekannter ferner Lust,
Die alle noch das weite süße Leben
Mir Glücklichen will zu genießen geben!
Ich lange hin, ich lange her,
Und ach, es kommt noch nimmermehr!

So ist dem Knaben
Im Frühlingsgarten:
Er will schon Blumen brechen, Blüthen haben —
Doch drängen erst die Keime auf, die zarten,
In Knospen schläft noch jede Blüthe,
Es schlafen noch die Blumen all;
Er steht und sehnt mit träumendem Gemüthe,
Und was ihm fehlt, singt laut die Nachtigall;
Er weiß nicht, was sich wird vor ihm begeben,
Nur fliegt ihm durch die Brust ein frohes Leben!

Nur harren gilt es auch im Lebensgarten!
Nicht fliehen bringet uns zum Glück, nur Warten;
Jetzt selig durch die Sehnsucht, will ich schmachten,
Bis ihr das goldne Kind die Stunden brachten,
Bis all' die Knospen, wann die Nacht verflossen,
Der leise Tag hat heimlich aufgeschlossen.

Der noch Schweigende.

Natur, wie schön, wie schön, Natur!
Ich kann dich nicht begreifen,
Nur stöhnen, selig, weinen nur,
Den Blick zum Himmel schweifen!
Und überwältigst ganz du mich,
Kann sich kein Sinn mehr wehren,
So fühl' ich dich, so hab' ich dich!
Ich will nicht mehr begehren. —
Stumm will ich dich verehren,
Wenn Andre dich erklären.
Das ist dein Lob und Preisgesang,
Wenn in der Wonne Ueberdrang
Der allerkühnste Mund dir schweigt,
Der Geist sich selbst verloren beugt,
Wie du vorüberziehst sich neigt,
Die Brust dir glüht, das Herz dir steigt!

An den Sonnengott.

Sieh mich Menschenkind hier liegen
An der Muttererde Brust,
Du, nach dem die Adler fliegen,
Du, der Tage Glanz und Lust.

Horch, es jubelt in den Lüften,
Denn dein Strahl glüht heiligwarm,
Aus der Erde dunkeln Klüften
Steigt der Larven froher Schwarm.

Schwelget in den Blumen, golden,
Die dein Licht hervor sich ruft;
Dir nur öffnen sich die holden,
Und sie opfern dir den Duft.

Blauer Himmel, selig Leben,
Alle Thäler wonnevoll!
Tausend Göttinnen umschweben
Reizend mich, wie dich, Apoll!

Laß mich nach dem Schönen langen,
Heiß in liebevollem Traum!
Und, verwandelt im Umfangen,
Sei es erst — der Lorbeerbaum!

Wahrheit des Scheines.

Eins um's Andr' ergreif' ich wagend,
Dies genossen, dies beglostet —
Und enttäuscht dann steh' ich klagend:
Das ist nichts, und das ist nichts!
Was das Wort dem Menschen kostet,
Eh' er ausruft: Alles nichts!
Muß er leiden, weinen, streben,
Muß er Lieb' und Leben geben.

Zwar die alten Knabenstreiche
Gab ich nun den Knaben feil,
Und ich grabe in der Eiche
Nicht mehr nach dem Donnerkeil;
Mich zieht nicht, was mich gezogen,
Mich trügt nicht, was mich betrogen,
Und dem schönen Regenbogen
Lauf' ich nicht mehr nach wie vor:
Täglich wird man ein andrer Thor!
Nie des Irrens wird genug,
Klüger wird man, nur nicht klug.

Weil zuletzt doch alles täuscht,
Soll mir das die Lust verbittern?
Ist's nicht Glück, so lang es täuscht? —
Laß mich irren, laß mich zittern!
O wie selig ist, zu wähnen!
Und wie süß sind dann die Thränen,
Und wie lieblich ist das Licht,
Das so sanft in's Leben bricht!

Aechter Menschensohn.

Als ein heitres Kind geboren
Hatt' ich Ruhe vor der Welt,
Nimmer flohen mir die Horen,
Lächelnd um mich her gestellt;
Kannt' ich noch nicht was mir fehlt,
Wußte nicht was heilt und quält,
Und o deiner, holder Friede,
Ward ich nimmer, nimmer müde.

Doch die Ruhe ging verloren,
Denn mich reizte bald die Welt,
Und dann flohen mir die Horen,
Winkend vor mich hingestellt;
Kennen lernt' ich was mir fehlt,
Wissen das was heilt und quält,
Und nach dir, o holder Friede,
Rang ich sehnsuchtsvoll mich müde.

Und die Liebe lernt' ich kennen —
Bist die Ruhe, Liebe, du?
Glück, ach, mußt' ich wohl sie nennen,
Doch war Liebe nicht die Ruh;

Und so war auch Glück nicht Ruh,
Schloß vor Lieb' und Glück mich zu,
Und mit meinem schweren Herzen
Rang ich nun nach lauter Schmerzen.

Endlich spät nach bangen Tagen
Schaut' ich um mit offnem Blick:
Soll ich mich denn ewig plagen? —
Und die Ruhe kam zurück.
O, wie quälst du mich, Geschick:
Auch die Ruh' ist nicht das Glück!
Und auch deiner, todter Friede,
Ward ich Lebender bald müde.

Und so soll es sein das Leben;
Nie auf immer wird man froh,
Zwischen Leid und Freude schweben
Muß man schwanken so und so;
Manchmal weinend, manchmal froh,
Flieht das schöne Leben so!
Wechseln mag in meinem Herzen
Immer Glück und Ruh und Schmerzen.

Beichte.

Als ich die Reichen sah geehrt vor Weisen,
Da sucht' ich Gold, und kam zum Apfelbaum
Und sprach: O wären deine Früchte Gold!
Bald kam ich hungrig wieder zu dem Baum,
Mich labte seine Frucht; da sprach ich froh:
Wie gut, daß du nicht goldne Früchte trägst!

Da schalt ich mich zum ersten einen Thoren.

Auch grüßt' ein schönes Mädchen jüngst mich freundlich,
Und bei mir seufzt' ich: Weh, daß du vergänglich
Und Fleisch nur bist; o wär' dein Leib von Marmor,
Und unverwüstlich wie gegossen Erz!
Drauf kam das schöne Mädchen Abends wieder,
Ich frug sie: willst du meine Gattin sein?
Da küßt' ich gern sie auf die weichen Lippen,
Und mich umschlang ihr Arm, bewegt von Liebe,
Ihr zarter Leib war eine Knosp' im Thaue.
Wie, war mir da der holde Leib von Marmor,
Und unverwüstlich wie gegossen Erz?

Da schalt ich mich zum zweiten einen Thoren.

Dann sah ich meine Kinder fröhlich spielen,
Und sprach bei mir: o wärst du noch ein Kind!
Und traurig blickt' ich auf mein eitel Schwert.
Ach, sprach der Knabe, wär' ich doch schon groß
Wie du, um solch ein ernsthaft Schwert zu tragen!
Da trocknet' ich mir meine Thränen, sprechend:
Was hälf' es wieder dir ein Kind zu werden?
Du würdest, wie das Kind, dein Glück nicht kennen!
Sieh', also muß die Kinderzeit vergehen
Und einmal enden, sollen wir es wissen,
Wie glücklich wir als Kinder sind gewesen,
Denn unerkannt entflieht die Gegenwart.

Da schalt ich mich zum dritten einen Thoren.

Drum will ich meinen Sinn denn stets bescheiden!
Denn ewig recht behält doch die Natur,
Und wer sie tadelt, tadelt seine Einsicht —
Natur ist ewig wahr und gut und schön,
Am Menschen steht es, sie auch so zu finden,
Wie ich es fand: daß jedes uns zum Nutzen
Die eigne Kraft und Eigenschaft behalte,
Daß für den Irdischen das Ird'sche sei,
Ja, wenn er auch als Sterblicher muß sterben,
Damit er weiß, wie glücklich er gewesen;
Denn unerkannt entflieht die Gegenwart.

Eigenes Leben.

Quäl' dich nicht aus Phantasie!
Wolle nicht für dich und sie
Grad' Petrarka's Sommerlauben,
Und zum Wein des Tejers Trauben,
Noch zur Liebsten grade Helena;
Weh, berührte jenes Todte dich!
Wem verglich denn Paris sie und sich,
Als er Helena zum ersten sah?

Schau dich nun durch neue Lande schweben!
Mußt dem Neuen neue Namen geben;
Suchst nicht, ja vermeidest Aehnlichkeit,
Ist dir's erst um eignes Leben leid,
Was dir auch begegnet, wo sich's beut,
Komm' dir gleich zu rechtem Ort und Zeit;
Wie es ausseh', wie es heiße —
Wie Skamandros fließt die Neisse,
Wo du Kind warst, war Arkadia!
Wirst du wählen, wirst du dich berauben,
Denn umsonst kommt nichts dem Menschen nah.
Willst du deinem Aug' und Herzen glauben,
Ist der Himmel dir auch heute da!

Wunsch an die Götter.

Möcht' ich stets mit sichrem Blicke
Klar die Gegenwart erkennen;
Von Erinnerung nicht abgewendet,
Wie von Hoffnung nicht verblendet,
Noch getäuschet vom Geschicke
Für mein eignes Unglück brennen!

Irren zwar ist Loos auf Erden,
Schon am Schaden sei's genug;
Laßt mich auch unglücklich werden,
Ach, zu spät nur ja nicht — klug!

Göttersinn.

I.

Freund.

Lieber Jüngling, nimm doch leichter,
Was du leichter haben kannst,
Der du dich in Goldgeflechte
Deiner Himmelsseele spannst;
Ist sie schöner, als die Lilien,
Die um ihre Schenkel blühn —
O so neigt wie Frühlingswehen
Dir sie wohl ein innres Glühn!
Auch voll Drang, voll holder Schwächen
Schließt sie nur ihr Herzchen zu,
Und der Menschentochter scheinest
Wohl ein Göttergleicher du!

Liebender.

Laß, o laß mich lieber weinen
Um das göttliche Gebild!
Köstlich, köstlich was ich fühle,
Heilig was im Busen quillt.
Rein umhüllt mit jedem Segen
Breitet Reiz sich um sie hin;
Himmlisch soll das Schön' erscheinen,
Jedes in des Andern Sinn.
Schmacht' ich bang nach einer Göttin,
Streif' ich an die Gottgestalt —
O dann welche hohe Wonne
Trag' ich über sie Gewalt!

II.

Die Eitle an die Natur.

Hab' ich Alles auch von dir:
Schönheit, Liebe, Geist und Leben —
Seht doch, nun gehört es mir,
Und ich selber bin es eben!

Die Bescheidene.

Daß die herrlichen Gebilde,
Mich die Jünglinge so lieben,
Schlägt mich nieder zum Betrüben!
O Natur, du freundlichmilde —
Solcher Reize Pracht zu tragen
Hast du grade mich gewählt!
Fliehen möcht' ich, wie es quält;
Denn den Liebsten hört' ich fragen:
Wo ich her sei, und woher
Mir das Engelsantlitz wär'?
Und was konnt' ich Arme sagen!
Ach, nichts hilft mir in den Nöthen —
Als es dulden, als erröthen.

Den Jünglingen zu wählen.

Jedem ward für dieses kurze Erdenleben
Dem ein rauher, dem ein heitrer Tag gegeben:
Wie dein Tag ist, mußt du ihn durchstreben!

Magst nicht in der Hütte ruhig bleiben,
Mußt dich durch des Tages Hitze treiben —
So indem du gehst mit raschem Fuße
Oder ruderst auf dem leichten Flusse
Neiget endlich sich der Tag zum Schluße;
Willst nicht heim des Tages End' erwarten,
Wirst du's finden bald auf fremden Fahrten.

Schöne Tage sind so bald verschwunden
Und der Regen hat sich eingefunden;
Unbemerket, doch nicht unbeachtet,
Sei der Tag verschwunden, wenn es nachtet,
Auch zu Hause, wenn du's recht betrachtet,
Bist du in der Fremd', auf großer Reise;
Wandernd bist du heim auch reger Weise.

Auch indem du ruhst, verstreicht der Tag,
Das wohin? dir niemand sagen mag!
Wie du ruhst in stiller schöner Muße
Rauscht der Strom vorbei im schnellem Schusse,
Endlich neigt der Tag sich auch zum Schlusse;
Gehst du nicht des Tages Ende suchen —
Wird dich's finden unter deinen Buchen.

Und nun magst du wie du willst es halten,
Wandernd wirst du, ruhend auch veralten.
Dich beherrschen schweigende Gewalten.

Glücklich wohl ein strebendes Gemüth,
Das die träge Ruhe stetig flieht,
Mit der zieh'nden Welt noch selber zieht.

Glücklicher ein ruhiges Gemüth,
Das zufrieden wohnt, zufrieden sieht:
Wie die wilde Welt vorüberzieht.

Auge der Musen.

Wenn ich mich ernst darein versenke,
Wie mir's in Wahrheit denn ergeht,
So seh' ich wohl, nun ich's bedenke,
Wie falsch mein Herz die Welt versteht,
So wie die Sonn' auf Wolkendünste
Den reinen Regenbogen malt,
In herbstlich-falbes Blattgespinnste
Den Glanz des goldnen Auges strahlt.

Oft kaum, erröthend, kenn' ich wieder,
Wovor ich erst gekniet in Gluth!
Und fiel vom Aug' der Schleier nieder, —
Ist's halb so schön, ist's halb so gut?
Und doch hatt' ich ein Glück im Innern,
Das keine Menschenzunge singt,
Und das als seliges Erinnern
Mir fort in treuer Seele klingt.

Das Sel'ge wohnt in meinem Busen,
Das Schöne lebt in meinem Blick;
Und gaben mir's die heil'gen Musen,
O so bewahren sie dies Glück!
Wie du, so ist dein Leben heiter,
In deines Geistes Mondenglanz;
So lebe nur, so dichte weiter
In immergrünem Myrtenkranz.

Venus und Apollon.*)

Reizend, nur von Scham bekleidet,
Dem ätherischen Gewand,
Sich in sich verbergend, neidet
Deinem Anblick ihre Hand;
Schaudernd vor erwünschtem Wagen
Bebt und lockt ihr Götterleib!
Schmachtend, schwimmend in Verzagen
Fühlt sie süß — sie ist ein Weib.
Aber erhöht über Menschengebrechen
Steht er voll Würde, voll himmlischer Macht!
Frei von Bedürfen und weibischen Schwächen
Strahlt ihm der Glieder unsägliche Pracht;
Großes verheißt er in leichtem Gelingen,
Alles Erhabne, du traust es ihm zu.
Nymphen zu jagen, wie Hydern zu zwingen,
Steht er in Kraft da, in muthiger Ruh.

Doch sie ziehet deine Seele
Aus dem Himmel selbst herab,
Und wie Zeus einst der Semele
Wird sie dir ein flammend Grab.
Feuer schmeckst du, Feuerfunken
Siehst du, Fieber fällt dich an!
Vor der Göttin, sinnetrunken,
Fühlst du dich ein Mensch — ein Mann!

*) Die antiken Marmorbilder.

Aber der Gott will den Göttern sich zeigen,
Schauet: der Mann ist das Schönste, herbei!
Irdisches Wünschen, selbst Liebe muß schweigen,
Himmlisch=gesundend, selig und frei!
Stehest nicht vor ihm, du schwebest da droben
Wo dich die Wonne der Götter umsaust,
Froh in das Reich alles Schönen erhoben
Wirst du, verwandelt, zum Gott, den du schaust!

Wehe, wenn er ihr begegnet,
Wehe, wenn sie ihn erblickt!
Die ein Weib zu sein, still segnet,
Wenn er sie an Busen drückt!
Heil'ge Zwecke zu verschleiern,
Schuf nur Zeus das Weib auch schön,
Doch das Schöne rein zu feiern,
Ließ er es im Manne sehn.
Willst du dich göttlich vermenschlichen, wagen
Sterblich unsterbliche Gluth zu bestehn —
Heil, daß du Mann bist! sie neidlos ertragen
Kannst du, empfindend die Reizende sehn!
Willst du dich menschlich vergöttern, Entzücken
Theilen mit Göttern in seligen Au'n
Heil, daß du Mann bist, mit heiligen Blicken
Kannst du den Himmlischen lieben und schaun!

Eintritt in das geweihte Land.

Italia, Italia!
Ich bin am Ziel, ich bin nun da,
Ich bin ja wach, es ist kein Traum —
Da steht im Frei'n der Orangenbaum!

Wie schlägt das Herz, wie bebt der Fuß,
Wie schwelgt das Aug' in Wonnegenuß!
Gegrüßt ihr Flüsse, die hier gehn,
Gegrüßt du Sonne in reinen Höh'n!

Der Heerden Geläut, der Hirten Gesang
Dringt süß in das Ohr von Bergeshang —
Gesegnet ihr Lämmer, die dort gehn,
Gesegnet ihr Hirten auf euren Höh'n!

Ein himmlischer Hauch, ein reifender Duft
Zieht säuselnd vorüber in lauer Luft —
Beglückt, die ihr hier die Gefilde baut,
Beglückt, wer hier bettelt und dieses schaut!

Da steht im Frei'n der Orangenbaum,
Ich bin ja wach, es ist kein Traum,
Ich bin am Ziel, ich bin nun da —
Italia, Italia!

Benedeiung.

Wie du wunderbar, Natur, mich führest,
Und mir alles nach einander schenkest,
Was die Brust des Sterblichen entzücket!
Ach, was soll ich Irrer nur begehren?
Ach, wie könnt' ich Armer mir's verschaffen,
Was der reichste König nicht vermochte!
Wohin mich das Morgenroth nicht trüge,
Trägst du mich, unendlich reiche Mutter.
Wie ein Bienenwirth im blüh'nden Sommer
Einen lieben Bienenkorb versetzet,
Daß er Nahrung findend stets sich fülle,
Also du mit mir. Du heißt mich bleiben,
Und ich bleibe, wie die Schwalbe weilet,
Baut und singet unter ihrem Dache;
Und du heißt mich ziehen, und ich ziehe,
Wie der Kranich über weite Meere,
Drüben einen neuen Frühling findend!
Ach, was wirst du alles mit mir wollen?

Doch stets bin ich bei dir, und ich weiß es,
Und ich folg' in ungebahnte Fernen
So getrost — als ging' ich alte Wege;
Und ich geh', gefaßt von Götterhänden
Frei und los — als streift' ich durch die Wiesen.

O wie selig ist mein Loos zu preisen,
Daß du mir die fromme schöne Seele,
Daß du mir dies reine Herz gegeben;
Alles mag es hoffen, mag's verlangen,
Und ich Glücklicher, ich darf nur folgen.

Die Allwaltende.

Du hast mich in die Welt gesandt
Zu heil'ger Schauungslust,
Ich weinte, da ich mich empfand,
An eines Weibes Brust.

Sie trug mich in die Sonn' hinaus,
Sie trug mich unter'n Mond,
Und zeigte mir dein ew'ges Haus
Wo's wonnevoll sich wohnt.

Sie setzt' in deine Blumen mich,
Und weihte fromm mich ein,
Der Himmel wölbte segnend sich
Und segnend Frühlingsschein.

Bis sie mir, ach, versank, verschwand.
In thränenvolle Ruh.
Ach, jene liebevolle Hand —
Das Weib, du warst es, du!

Nun säugst du über deinem Grab
Dir selber Blumen auf,
Und ich, ich breche sie mir ab,
Und weine Thränen drauf.

Wer sänn' es aus, wer säng' es aus,
Wie heilig du mir bist!
Wie dich mein Herz in Wonn' und Graus,
In Schmerz und Lust genießt!

Du führtest mich mit fester Hand,
O, große Königin;
Dein ist der Himmel, dein das Land,
Dein bin ich, wo ich bin.

Wer dies gemalt, wer das erdacht —
Nur du, du nur bist mir!
Im goldnen Saal, bei Menschenpracht
Fühl ich mich nur bei dir.

Mir Müden öffnest du dereinst
Der Heimath goldnes Thor,
Und daß du sanfter mir erscheinst,
Verwandelst du mich vor.

Und was zum Bilden mich entzückt,
Hier deiner Werke Pracht —
Bei dir dann schaff' ich's selbst beglückt
Mit dir, durch deine Macht.

Morgengesang.

Wohlauf, wohlauf, hier bist du ja
Im goldnen Sonnenstrahle!
Für dich steht jetzt die Erde da,
Setz' dich zum vollen Mahle.

Dein Herz hegt lichte Flammengluth
Für jeden Himmelssegen,
Zum Dank erwirb dir jedes Gut,
Ein Strom wallt dir entgegen!

Die Welt rollt über's alte Gold
Die heil'gen alten Fluthen,
Und wie sie heut und ewig rollt,
So trink' die Labegluthen.

Dir sind nur Menschenjahre zwar
Ein Mensch zu sein gegeben,
Doch kannst du drin, was irgend war,
All' Erdenwonne leben!

So strebe nun, so lebe nun
Im Anglanz aller Sterne,
Gleich heil'gen Alten wirst du ruhn,
Und wirken aus der Ferne.

Gewonnene Freude.

Neue Blüthen aufgesäugt,
Sonne, hast du dir,
Alles grünt und blüht und steigt
Herrlich dir und mir.

Wie der Frühlingssturm, entflog
Von mir Qual und Drang,
Wie in's Thal die Lerche, zog
Mir in's Herz Gesang.

Wie der Berg nun in's Gebüsch
Heiter niederschaut,
Ist die Stirn mir hell und frisch,
Und das Haar bethaut.

Süßer kann, o Rose, dir
Nicht die Rose sein,
Als der Schönsten Lippe mir
In der Nacht allein.

Wie die Biene aus dem Mohn
Frohen Reichthum zieht,
Saug' ich, o Natur, dein Sohn
Süß aus dir mein Lied.

Der Maler an die Natur.

Was gehört nur mir von meinem Bild,
Wenn es gleich aus meinem Pinsel quillt?

Bild' ich nur nach, was du mir schon,
Natur, vor Augen stellst so rein,
Gering ist dann mein Lohn,
Es bleibt das Bild doch dein!

Doch was Ich schaffe in dem Geist,
Was der zu bilden hin mich reißt —
Du hast zwar alles — doch nicht so!
Dies Werk ist mein, deß bin ich froh,
Wie mir's die Seel' ergötzt!

Doch ach, Natur, doch ist zuletzt
Ja Stoff, Gedank' und Geist allein
Mein Werk und ich und alles dein!

Der Knabe Mengs.

Mein Knabe soll auf dieser Erden
Und muß durchaus ein Maler werden,
Und alle Kraft in seinem Leben
Soll bloß sich in Bildesgestalt erheben!

Ich führt' ihn täglich bedacht in die Hallen
Der Meister, hin zu den Göttern allen;
Ich zeigte ihm ihren wackeren Fleiß,
Und jeglichen Dorn am Rosenreis,
Die Pflaumen, umlegt von bläulichem Reife,
Das herrliche Loch im Strumpf, jede Schleife,
Und jegliches Härchen im Silberbart,
Und alles so treu in seiner Art.
Ich fuhr ihn an, so sieh doch hinan!
Betrübt sah mich der Knabe nur an.

Ich biß vor Zorn mir stumm auf die Lippen
Und stieß ihm heimlich vorerst in die Rippen.
Komm' her! ich will dir Anderes zeigen,
Vor welchem sich alle Maler beugen,
Doch sag' ich dir, Toni, gieb Acht, gieb Acht!
Das ist Correggio's heilige Nacht!
Ich zeigt' ihm den Ausfluß all von dem Licht —
Ach, Vater, vergib! es gefällt mir nicht.

Ohnmächtig schwieg ich, blaß und roth,
War jemand dabei, so schlug ich ihn todt.
Er führte mich sanft zu der anderen Nacht
Und sprach: O Vater, sieh, welche Pracht!
Die ist von keinem der großen Meister —
Ein dunkler Name — ich weiß nicht — wie heißt er?
Ich riß ihn fort, ihm zu heilen den Wahn,
Schnell hin vor die Venus von Tizian;
Hier sollst du niederknieen und beten!
Sonst will ich dich Dummheit mit Füßen treten.
Er kniete: Ach Vater, welch ein Weib!
Das ist ja kaum ein menschlicher Leib.
Und weinte und bat in Angst und Schmerz,
Und hatte die Augen nebenwärts
Hin auf ein Antlitz lieblich und schön,
Vor dem aber niemals Kenner stehn.
Und kaum zwölf Bilder von jeden und allen,
Die konnten der Seele des Knaben gefallen,
Nur Blumen und Raphaelsgesicht.

Da zog ich an Haaren hinaus den Wicht.
Da rief er: Ihr Maler! O, könnt' ich so malen,
Wie sollte nur Schönes vom Bilde mir strahlen!
Nur schön zu malen — ist Malerdunst,
Das Schöne zu schaffen ist Menschenkunst.

Drauf sperret' ich meinen Knaben ein,
Und drei Jahr sitzt er schon hier allein;
Der Knabe soll mir auf dieser Erden
Und muß durchaus nur ein Maler werden!

Der abtrünnige Maler.

Ich saß dort in der Galerie
Und malte mir Madonnen,
Ward immer krank, erforscht' es nie,
So krank bei den Madonnen!

Es faßte mich eine Himmelsgewalt,
Lebendig sie mir erschienen!
Dann waren sie und blieben kalt,
Mit ewig gleichen Mienen.

„Sie bleiben doch nur eine Wand!
Wir können die Seele nicht geben;
Den Marmor faßt' ich bei der Hand —
Auch der trat nicht in's Leben!“

„Ach, sollt' ich nur das Original
Nach dem es der Künstler geschaffen,
Als Ideal, ein einziges Mal
In meine Arme raffen!“

„Er balsamirt sie in Farben ein,
Die Liebste, die er umschlossen,
Todt lockt sie mich an, und macht mir Pein —
Er hat sie einst genossen!“

Da trat ein Mädchen zu mir her,
Und sah mir in die Augen —
Da schob ich die Staffelei der Quer,
Mir wollte mein Malen nicht taugen.

Da war es sogleich um mich gethan,
Ich zog sie zu mir nieder,
Madonnen sah ich nicht mehr an,
Ihr küßt' ich die lebenden Glieder.

Es geht nichts über Fleisch und Blut
Und über lebendige Augen!
Ja, da ist Fülle, und da ist Gluth
Den Himmel daraus zu saugen!

Nur das Lebendige ist schön,
Was leibt und lebt vor Augen,
Das Andere will ich schon auch besehn,
Doch weiter kann es nicht taugen.

Die Kunst ahmt nur das Leben nach,
Gehört zu todten Gilden;
Ich halt's mit dem Leben! dem jag' ich nach:
Ich will Lebendiges bilden.

Gherardino delle Notte.

O könnt' ich, könnt' ich meine Augen dir,
Wie Diamanten, in dein Antlitz fassen,
Dies Leben dir, wie tausend frische Blumen,
Ausschütten, ganz! o wäre diese Inbrunst,
Und diese Brust, die leis und immerfort
Bewegliche, nur eine Stunde dein,
Auf daß du theilhaft, gleich wie ich, genössest
Die Zauber all' der Seligkeit, die rastlos
Mit Macht in mich voll heil'gen Bangens eindrängt
Die heilige Natur! —
— Umsonst, umsonst! —

Wann vor des Mondes grünlich goldenem
Verklärungsglanz tiefschwarze Wolkenbilder
Vorüberziehn, wann er am Untergange,
Im Streit mit Morgenstrahlen, blaue Schatten
In Nebel wirft, wann rings die Frühlingsknospen
Nun splittern, und der alte Hauch des Himmels
Im schwellenden, im jungen Grünen säuselt —
Umsonst, umsonst! —
Ach, die Gestalten wohl
Täusch' ich dir hin, der sinnbegabten Hand
Getreu und heiß entquollen, die zuvor
Die Seele mir in's tiefste Mark entzückt —

Die Himmelswonne doch, mit der ich schmachtend
Sie all' empfangen, ach, der Schöpfungszauber
Bleibt mein unmittheilbares Eigenthum,
Bleibt meines Lebens göttliches Geheimniß! —
Der Palmenbaum verstreuet seine Blüthen,
So streu' ich meine bunten Blätter aus,
Und du bewahrst, du siehst nur sie allein —
Doch jeder Lichtgedanke, jedes schöne
Gefühl, sie setzen, wie die Blüth' am Stamme
In meiner Brust mir an, als ew'ge Früchte!
Und wie am Feigenbaum, so ist an mir
Die Blüthe reife Frucht selbst, und die Frucht
Noch holde Blüthe, voller Duft und Mark.

Vom Künstler.

O weine nicht, daß ich dich oft verletze,
Als ob mein Herz dein liebend Herz nicht schätze,
Das sich mir rein wie Gold und fest ergeben,
Mit jedem Hauch nur athmet für mein Leben —
Ich kenne eines treuen Herzens Werth,
Den jede Täuschung, jede Thräne mehrt!

— So ist es, ach, des Liebenden Gemüth,
Daß nach dem Flieh'nden es am stärksten zieht,
Und wer's am tiefsten reizen mag und kränken,
Deß ist es ganz, deß muß es liebend denken;
Selbst immer werther um die eignen Schmerzen
Und Thränen wird das theure Herz dem Herzen.
Und also fürchtest du von dieser Welt
Für mich, du, die geheimnißvoll mich hält?
Was ist die Welt, nach der das junge Blut
Im Busen lechzt im ersten Jugendmuth —
Zu groß, zu reich, zu schön, zu voll, zu rund,
Ein Apfel an des Kindes kleinem Mund;
Ihn kann's mit Lippen nicht ergreifen, fassen,
Und will ihn nicht aus seinen Händchen lassen.

Die Sonn' ist schön im Morgenroth und Licht,
Doch zieht es hoch, ihr leuchtendes Gesicht;
Die Nacht treibt aus die alten goldnen Sterne,
Wir dürfen sie nur schaun aus Thal und Ferne;
Die Wolken ziehn mit fruchtend lauem Regen,
Die Winde wehn ihn weit, der Länder Segen —
Indessen schleicht sich nur ein Tropfen Thau
Leis in die Blüthe, die, von Gluth erstickt,
Er neu belebt und stärkt und frisch erquickt!
Zu groß ist Nachts dem Wandrer Wald und Au,
Er kehrt bei Sonnenuntergang zur Hütte,
Und ruht — verlassend gern die volle Flur,
Die allerfüllend allbewahrende Natur —
Am Heerd in ihrer kleinen Mitte.

Der Mensch ist klein geboren
So wähn' ich oft die ganze Welt verloren,
Anstatt gehalten von dem Besten, Nahen,
Dies treu im Geist, wie Tausend, festzuhalten,
Was, so wie Tausend, meine Augen sahen,
Die wählten aus der Fülle der Gestalten —
Wer hält, der kann nicht fassen.
Wer fassen will, muß lassen;
Und selbst den Schönsten, Glücklichsten beschränkt
Das Glück, in das er eben jetzt sich senkt,
So wie die Biene saugt in süßen Kelchen,
Von tausend Blumen noch umblüht, und welchen!

— Doch ich, mit ewig wachem Blicke
Streng, schwebend, nach dem höchsten Glücke wählend,
Und in dem Strom es immer fort verfehlend,
Schau' störrisch nach dem Bleibenden zurücke;

Und in mich selbst zurückgezogen,
Von stolzem, hohem, eitlem Wahn betrogen,
Der um den Menschen mich betrügt
Und mir von Gottgestalten lügt,
Fällt jede Liebe mir vom Herzen ab.
Wie nie geliebt, wie Blüthen von dem Baume,
Seh' ich die ewigtheuren Wesen,
Von denen ich doch nimmer kann genesen,
Verweht, nur schwanken wie im Traume,
Und wie ein Rosenbett ist mir das Grab.

— Und dann ergreift mich erst das höchste Sehnen!
Aus meinen Augen stürzen volle Thränen,
Mich soll die Morgensonne,
Der Mond mich nie mehr lächeln sehn,
Und abgeschworen alle Menschenwonne
Sei mir das Schöne nicht mehr schön;
In nimmer unterbrochnen Klagen
Will ich mich still verzehren.
Von Thränen nähren,
Und sanft verschwinden aus den Tagen!

Doch, Seele, auch der Klagen wird man müde.
Wenn du dich ausgeweinet hast,
Und hängt die Thräne noch am Augenliede,
Blinkt in ihr neu das Thal, wenn auch erblaßt.
Aus Wolken öffnet frisch sich blaue Blendung!
Das Herz verwirkt des Schicksals neue Wendung,
Und los, entbunden jener schweren Last,
Erfüllt den Busen wieder Ruh und Friede.

Kommst du, in voller Blüthen Segen,
Die frisch vom ersten Frühlingsregen
Noch träufeln, glänzen, schüttern,
Indeß die Wolken abwärts wittern,
Kommst du mir dann im Thal
So sanft entgegen,
Trittst vor mich hin, und schlägst die Augen nieder,
Da lächl' ich, ach, zum erstenmal,
Gerührt vom Anschaun deiner Schönheit wieder.

Die Weihe.

Und also ging ich von dem Eremiten,
Die ganze Brust mir fluthend aufgeregt;
Und zwischen dem, was ich schon einst gelitten
Und dem, was Hoffnung noch in mich gelegt,
Schwebt ich wie eine Gottheit in der Mitten,
Die beides ruhigschauend überträgt;
Ich segnete, wie alles war gekommen,
Und schaut' auch in der Zukunft nur mein Frommen.

Und wie ich schritt, dem Walde zu entkommen,
Da neigte sich die Sonne schon den Au'n;
Die Wolken waren rosig angeglommen,
Und strahlenlos ließ sie ihr Antlitz schaun,
Ein Strom von Glanz kam durch den Wald geschwommen,
Ich durfte mich gradein zu schlagen traun,
Das Oertchen lag unmöglich mehr im weiten,
Ich richtete mich nach dem Abendläuten.

Da mahnt' es mich an meine letzten Zeiten;
Still angelehnt, vergaß ich jetzt den Tag,
Und sah die Wunder heimlich sich bereiten,
Wie himmelgleich die Erde werden mag!

Bald sind die Sonnengärten all' im weiten,
Und Nacht ist, wo der Silberschleier lag.
In diesem Himmel wohnen wir, ihr Brüder,
Und alle Wunder kommen wechselnd wieder.

Nun schmolz die goldne Kugel glühend nieder,
Nun war die Sonn' hinweg aus dieser Welt.
Hinunter folgten ihr der Vögel Lieder,
Und Dämmer webten sich im blauen Zelt;
Doch findet sie dort tief sich alles wieder,
Sie sinkt, begrüßt, in eine neue Welt.
O daß auch wir, wenn wir die Laufbahn enden
Solch eine schöne Welt uns offen fänden!

Da fühlt' ich mich berührt mit sanften Händen,
Ich nahm es für ein Zeichen meinem Traum! —
Doch wie sich meine Augen rückwärts wenden,
Erschaun sie eine Jungfrau, irdisch kaum,
In deren Glanzes Strahl sie sich verblenden,
Und taumelnd griff ich nach dem nächsten Baum;
Doch kannt' ich sie; mir war schon so geschehen,
Es war die Muse von des Himmels Höhen.

Denn schon mich Knaben hatte sie ersehen,
Und hieß mich früh schon ernst und einsam sein;
Die sinnlos rohen Schaaren ließ ich stehen,
Mich zog's zum Wasserfall im dunklen Hain,
Ich schifft' allein auf mondbeglänzten Seeen,
Und auf den Bergen lag ich glühn allein,
Da trat sie zu mir, und mit weisem Munde
Gab sie mir von dem Reich des Vaters Kunde.

Da schwebt' ich noch auf wellenweichen Tagen;
In heitre goldne Träume webt' ich ein,
Was mir die Horen brachten hergetragen,
Mir einst ein fertigvoller Schatz zu sein,
Ihn sammelt' ich mit innigem Behagen;
Der Treu des Schönen traute ich allein,
Verpfändet an die Muse all' mein Glücke
Hofft' ich es von der Muse auch zurücke.

So ließ ich viele schöne Tage fliehen,
Und Freude, die mir Jüngling' auch gebührt,
Ich ließ die Freund' in ferne Lande ziehen,
Von ihres Schicksals guter Hand entführt;
Die Todten hab' ich nur dem Grab geliehen —
Deß war mir ernstlich nie die Brust gerührt!
Es geht dir auch das Kleinste nicht verloren,
Das hatte mir die Muse zugeschworen.

„Nimm diesen Stab, und willst du alle wieder,
So thu' des Geisterreiches Pforten auf!
Sie gehn auf goldnen Leitern auf und nieder,
Die Ungebornen schaust du schon zu Hauf;
Sie ziehn umher auf rosigem Gefieder,
Dort halten sie den ew'gen Wunderlauf.
Mit Zeit und Raume kannst du göttlich schalten,
Was flieht, in unbewegtem Geist dir halten."

„So lebe einsam vor der Welt verborgen,
Wie still die Traube reift im Schattenlaub.
Genieße deiner Jugend ohne Sorgen,
Gieb deine Stunden Thoren nicht zum Raub!

Der Abend wird dich segnen wie der Morgen,
Kein Finger soll dich schmerzen, leidentaub;
Dir Fleiß'gem ist der Muße Glück zu gönnen,
Daß deine Knospen sich entwickeln können."

„Dort magst du auf der Kindheit frohen Plätzen,
Fortsetzend noch das heitre schöne Loos,
Mit deinen ersten Freunden dich ergötzen,
Dort wachse freier unter Freien groß.
Wer's gut gebraucht, der weiß sein Glück zu schätzen,
Wie du noch wohnst auf deiner Mutter Schooß.
Sie wird mit Liebe schützend dich erpflegen,
Ihr lohnt die Freud' an deiner Arbeit Segen."

„Die Thoren schwimmen leicht im Leben oben,
Dein reiches Herz ist mehr dir als Ersatz;
Wer Gutes thut, auch der ist wohl zu loben,
Er macht auf Erden Höh'rem Zeit und Platz;
Wer Schönes schafft, hat mir die Seel' erhoben,
Der reichet mir des Himmels höchsten Schatz!
Das Gute werde endlich das Gemeine,
Das Schöne immer göttlich dir erscheine."

„Die Geister, die du auf der Erde Bühnen
Geharnischt um dich her jetzt walten siehst,
Laß sie ihr Leben gern sich auch verdienen,
Indeß du für die Nachwelt dich erziehst;
Zu ew'gem Bleiben sind sie nicht erschienen,
Sie leben dir, wenn sie dein Herz umschließt.
An ihrer Statt, wenn sie den Bau verließen,
Wirst du mit deinen Freunden sein genießen."

„Die Erde wird das Ihr' indeß bereiten,
Fruchtbäum' erzieht sie dir umher im Land,
Und manchen Freund im Nahen und im Weiten;
Die Jungfrau läuft noch an der Mutter Hand,
Die dein einst wird in stillerwachs'nen Zeiten,
Doch besser bleibt dir alles ungenannt.
Auf deinen reinen Willen darf ich trauen,
So sollst du denn zur Zeit mich wiederschauen.“ —

Nun stand sie vor mir, wie vor jenen Jahren,
Und sprach zu mir in Worten sanft und rein:
„Du mochtest dich in manchem Sturm bewahren!
Zur bösen Zeit ist's gut, verborgen sein.
Was Menschen trifft, hast du nun auch erfahren,
Den Sinn des Lebens sieht dein Geist nun ein,
Geweiht durch deine Freuden, deine Schmerzen,
Zu singen Leid und Freude aller Herzen.“

„Dich einmal schaffend, läßt's Natur bewenden
Mit deinem Leib; du nimm, was sie beschert,
Zum Schönen auf! Du mußt dich selbst vollenden!
Die Welt um dich, hat nur als Stoff dir Werth;
Sieh, wie ein Mann mit kunstgelehrten Händen,
Mit wenig Gold nach schönem Zweck verfährt, —
Dem Stoff' am Werk' ist vieles gleich zu setzen,
Die Kunst erhebt es über alles Schätzen.“

„Natur erscheint ein grenzenlos Gefilde,
Drauf sinnlos sinnvoll alles sich bewegt;
Der Tage Sand rinnt unaufhörlich milde,
Die Weltuhr eilt beflügelt, saust und schlägt;

Am Menschen steht's, daß er ein Werk draus bilde,
Der Zahl und Maaß in seinem Innern trägt.
Im Künstler wird die Welt erst zum Gedichte,
Sein Werk zur reifen Frucht der Weltgeschichte."

„O Mensch, du hast ein Land in sichern Grenzen,
Da zielt des Todes Pfeil umsonst hinauf,
Da blühet alles frisch in ew'gen Lenzen,
Tief drunter rauscht das Leben seinen Lauf,
Das du nur siehst von jenem Lichte glänzen;
Was irdisch stirbt, verklärt steht's täglich auf.
Da rettet froh hinaüf sich alles Schöne,
Und neigt sich himmlisch in die Erdenscene."

„Und was der Himmel draußen jetzt beginne,
Es schließt sich heiter ab dein innres Reich;
Da hängt sich Abendroth um deine Sinne,
Und glänzt der Tag auch draußen hell und bleich;
Im Winter blüht da Lenz. Doch zu Gewinne
Bleibt stehn um dich die Außenwelt zugleich.
Den Traum der Kunst macht sie zu Wirklichkeiten,
Du schaust in ihr lebendig alle Zeiten."

„Der Dichter in der Weihe Brunnen findet
Bei Tag auch wandelnd der Gestirne Chor,
Des ganzen Himmels Hochgewölbe windet
Sich ihm zu Dionysos Wunderohr,
Und was in tiefster Ferne raunt, und schwindet,
Trägt ihm getreu die heil'ge Stimme vor,
In seiner Brust eint sich's zu einem Klange,
Der Lipp' entströmt's in rührendem Gesange."

„Die Menge wirst du sehn um dich sich treiben
— Du kennst sie alle, weißt ja, was sie thun —
Die Helden sehn sich an die Sterne schreiben,
Und emsiger wirst du das Deine thun.
Die Sterne sollst du sehn, und ruhig bleiben,
Der ew'gen Schönheit sanft im Arme ruhn,
Was dir erscheint, in goldne Rahmen fassen,
In liebe Bilder, die dir nie verblassen."

„Laß dich nicht irren dies gewohnte Leben,
Als wär's, weil du's so schauen kannst, gemein!
Wird erst der Tod in jenes Reich es heben,
Wird es verklärt und graunvoll heilig sein!
In deine Welt wird's keinen Weg einst geben,
Drum schiff' ihr Bild jetzt auf dem Zeitstrom ein;
Und was zu hoch noch glänzt in deinem Bilde,
Das dunkelt nach die Zeit, die allem milde."

„Des Geistes Jugend soll dir nie veralten,
Die innre Schönheit bleibt dir treu und fest,
Und deine Liebe soll dir nie erkalten,
Dein Herz dir nie verglühen, wie Asbest;
Wie außen dich die Jahre umgestalten,
Wie treulos alles dich gemach verläßt,
Bis deine letzten Sonnen von dir kehren,
Soll stets dein innrer Schatz sich reicher mehren."

„Denn ein Geschäft hab' ich dir aufgegeben,
Dich überwachsend zwar bis in den Tod,
Doch ew'ge Sehnsucht gab ich dir, zu streben,
So lang du bist, und Kraft und Himmelsbrod;

Die Andern wissen nichts zu thun im Leben,
Und sind schon, ziellos treibend, lebend todt;
Du aber sollst auch todt nur schöner leben,
Als ewig thät'ger Geist der Gruft entschweben."

„Nicht in des Lebens kurzen Herbstestagen
Kann sich vollenden, was der Mensch entspinnt;
Die Erde muß das Saamenkorn zernagen,
Im Herbst es grüne Sprossen nur gewinnt;
Und hat es lang des Schneees Last getragen,
Ersteht im neuen Lenz das liebe Kind,
In vielen Sonnen kann es erst gerathen,
Es wächst und wogt in tausend goldnen Saaten."

„Der Mensch ist nur, was in den schönsten Stunden
Des Lebens er empfunden und gedacht;
Und was du da gedacht und da empfunden,
Das sinkt mit deinem Leib ja nicht in Nacht.
Nun einmal aus dem stillen Haupt entbunden,
Wird's in der Sonne heil'gem Licht bewacht,
Zusammen zieht es sich auf deinem Hügel
Zu deinem wahrsten Bild, und nimmt sich Flügel."

„Hast du nun sichtbar Sichtbares vollzogen,
Und steht dein Lebensbau nun fest und gut,
Soll nur dein Wort, das aus dir Kraft gesogen,
Fortwirken mit lebend'gem Schwung und Muth;
So wie ein Pfeil nachfliegt, geschnellt vom Bogen,
Die Senne selbst jedoch schon lange ruht —
So will ich auch dir selbst zu ruhen gönnen,
Auf Erden soll man dich mit Liebe nennen."

So sprach sie; drückte auf die reinen Wangen
Sanft eine Thräne, und verbarg sie nicht;
Nahm los die Zither, die ihr umgehangen
An einem Bande schwarz und rosenlicht,
Und gab sie mir — ich kniete süß befangen
Fromm vor sie hin, heiß glühend im Gesicht —
Sie half sie mir um meine Schultern schlingen,
Die Saiten hört' ich ahnungsvoll erklingen.

„Doch deine Augen muß ich dir verblenden,
Daß dich das rauhe Leben nicht mehr stört,
Im Innern dich, dein eigen, zu vollenden;
Und wie der Sturm das Meer um dich empört,
Soll nichts dich ab von deinem Ziele wenden,
Wenn auch dein Ohr Sirenen-Lockung hört."
Und sanft beglitt sie meine Augenlieder
Mit etwas, und ein Schleier sank mir nieder.

„Doch einer Andern Hand soll treu dich leiten,
Ihr Auge soll dein Auge sein; ihr Blick
Schaut für dich um, sieht nahend schon vom weiten,
Was droht, und wachet über dein Geschick;
Weß du bedarfst, das wird sie dir bereiten,
Auf Erden Schutzgeist bleiben deinem Glück;
Des Tages führt sie dich mit sichern Schuhen,
Und Nachts wirst du an ihrem Busen ruhen."

Nun küßte sie mich auf die Stirn. Versonnen
In ihre Rede, hielt ich meine ein,
Lang harrend, bis, so hold, sie neu begonnen —
Da zog mich durch den Wald nur noch ein Schein!

Sie war mir fort — wie ein Gesicht zerronnen;
Ich war im weiten, weiten Wald' allein,
Sie war, den Dank vermeidend, mir entgleitet;
Die Hände hielt ich nach ihr ausgebreitet.

Da lief ein junges Kind her, voll Verlangen,
Verirrt, und glühend roth, und weiß wie Schnee;
Entzücken rieselte mir durch die Wangen.
Ihm war so heimlich wohl, so heimlich weh!
Drauf' hört' ich eine Stimme nach ihm bangen,
Und nah, und näher rief sie: Ich vergeh'!
Bis sie das Kind in meinem Arm gesehen,
Und schweigend staunte, wie ihr sei geschehen!

Du warst's, Geliebte! die nach bittern Jahren
Mich hier so unversehen wieder fand,
Seit ich dich einsam von den lauten Schaaren
Zur Braut durch jene Küsse mir verband;
So mußten dich die Götter mir bewahren!
Nun wardst du durch die Muse mir gesandt.
Du warst das Ziel von meinem tiefsten Hoffen,
Und jeder Wunsch ist vielfach übertroffen.

So geh' ich denn von ros'ger Nacht umfangen,
Mein sinnend Haupt gesenket erdewärts;
Ich hör' mich wie von Geistertritt umgangen,
Lebendig wird in meinem Traum kein Schmerz;
Was sich an viele beugend schwer gehangen,
Das dringt nicht in mein fest verschloßnes Herz —
Den warmen Ort, den friedereichen Busen
Bewahr' ich keusch und rein den holden Musen.

Wer zur Geliebten sich die Mus' erkoren,
Den nimmt sie ganz, nimmt ihn auf immer hin;
Und wär' er rauh und felsenhart geboren,
Sie zähmt, erweicht, verschönt ihm seinen Sinn.
Die Erde ist und bleibt ihm nun verloren,
Doch ist und bleibt der Himmel sein Gewinn;
Die Muse giebt die süß'sten Schäferstunden,
Wie keiner in der Schönsten Arm gefunden.

Geliebte, laß dich nicht dies Wort verdrießen!
Auf Erden bin und bleib' ich einzig dein.
Wenn mich die Mus' oft deinem Arm' entrissen,
Ich lang' geschweift im Frühlingsglanz allein —
Bracht' ich nicht alle Lieder dir zu Füßen?
Die Göttin gab sie mir, sie dir zu weihn;
Doch Erd' und Himmel fühl' ich mir vereinet,
Wenn mir an deiner Brust die Mus' erscheinet.

Der Tod Gottes*)

oder

die groszen Epheben.

Der Meister schläft? Wer sah denn heut den Alten,
Wer gestern; hat er uns ein Leids gethan?
Nur steht, entschleiert, von sich selbst gehalten,
Sein unermeßlich Werk und sieht uns an!
Es zieht uns an, die Seele drein zu senken,
Es giebt sich selbst, und ihn uns zu bedenken.

Und folgt ihr mir, hört ihr ihn auf zu suchen!
Er hat den Zauberspiegel sich erbaut;
Der Künstler lebt im Werk, was wollt ihr suchen?
Der sieht nur ihn, wer in den Spiegel schaut.
Wer konnte das an diesem Manne merken!
Der Künstler wird erst kund in seinen Werken.

Hier lag er seelenvoll sich selber träumen,
Und was er dachte, ward, was ward, das denkt,
Es lebt wie er, und schafft sich in den Räumen,
Es lag in seinem Künstlergeist versenkt;
Wer sich berührt, der hält nur ihn umwunden,
Wer ihn empfindet, hat nur sich empfunden.

*) In Pegu herrscht der Glaube: Gott starb mit Erschaffung der Welt, und bei ihrem Untergange steht er wieder auf.

Ihr wandelt hier in diesen Azurwänden,
Wie noch in seines Geistes stillem Haus,
Faßt ihn leibhaftig mit leibhaft'gen Händen,
Denn euer Wesen macht sein Wesen aus;
Abgötterei ist ihm verhaßt, dem Reinen,
Doch liebt er, klar sich selber zu erscheinen.

In heiliger Begeistrung Schöpfertriebe
Rang sich der Seele süßes Weben los,
Die ganze Götterfülle seiner Liebe
Gab sich in diesem schönen Wesen bloß;
Das Mark der Liebe aber ist das Schöne,
Das Schöne, daß es euch der Kunst gewöhne.

Daß er sich in dem Götterkind erblicke,
Daß jemand ihn umfängt und wieder liebt,
Den er entzückt, mit Seligkeit entzücke,
Wenn er die Wonne nimmt, die er ihm giebt;
So ist er, aller Lieb' und Schönheit trunken,
Hier in sein Werk vergangen und versunken.

So ist er todt! er hat sein ganzes Leben
Still, wie der Seidenwurm, hineingewebt,
Den Geist vor seiner Schönheit aufgegeben,
Wie sich der Künstler zu begraben strebt;
Sein Werk, sein Sarg, o Wundergrab des Alten,
So wirklich, und als ew'ger Blitz gehalten!

Er giebt ein Zeichen! hört ihr nicht das Rollen?
Man kennt ihn, stell' er sich auch wie er will;
So grade klang sein gutgemeintes Schmollen,
So schien sein Aug' uns an, so sonnestill!

Nun hält ihn eigne Kunst im Werk gefangen!
Er fühlt daraus hervor nach uns Verlangen.

Doch wär' er uns verloren, und vergangen?
Denn schlecht verständen wir die Kunst, als Tod;
Er prüft uns, ob sein Wort in uns gefangen,
Nun er erfüllt, was er uns oft gedroht;
Und wenn wir weinten, wann er uns es sagte,
So freut euch nun, da die Verklärung tagte!

Denn wer von euch den leisen Wink verstanden,
Der sieht ihn nun erst recht; das was er, Er!
Der löst den Künstler aus des Werkes Banden,
Und stellt sein Bild und seinen Geist sich her,
Der kennt in jeder Blume seines Saumes
Noch seine Schönheit, seine Kraft des Traumes.

Denn wie sein Werk aus seinem Geist gequollen,
So quollt ihr einst, ihr wißt sein Schöpferwort:
Sein Künstlerherz, sein Blut fühlt in euch rollen,
Und setzt sein Werk in euren Werken fort,
Durchdringt den Meister, laßt ihn euch durchfachen,
Ihr sollt sein Werk zu eurem Werke machen.

So lebt er liebevoll im höchsten Werke,
In still unantastbarer Majestät
Und Schönheit, daß es euch die Seele stärke
Und er euch auf in eurer Liebe geht,
Wohlthätig, treu, euch immer gegenwärtig,
Von euch erfaßt zu werden, immer fertig.

Er bildet ahndevolle treue Sinne,
Und heilet kranke; ruft zu sich, entzückt,
Hebt euch zu sich herauf, sich zum Gewinne,
Ja, göttlich neidlos, durch das Glück beglückt,
Macht er sich alle gleich, die ihn umfahen,
Die rein und kindlich ihm sich einmal nahen.

Nun aber hütet lang' und unverdrossen
Das schöne, unverweslich reine Mahl,
Wo er, in den krystallnen Sarg verschlossen,
Entgegenglänzt der Auferstehung Strahl,
Und hofft mit nie gefühltem Wundergrauen
Hervorgegangen wieder ihn zu schauen.

Du lieber Jüngling mit dem Sonnenschilde,
Eröffne stets des Tempels goldnes Thor,
Und zeige allen, auch den Kindern, milde
Das Silbermeer, und jedes Gräschen vor;
Antworte freundlich, wie ein jeder fraget,
Und jeder schaue, wie es jedem taget.

Doch sehet ihr den Herold mit dem Sterne,
Dann streue ihren Myrrhenduft die Nacht!
Der Priester Züge schweben in die Ferne,
In feierlichem Schweigen schaut und wacht!
Und mit verloschnen Kerzen schweben alle
Am Morgen, jedes heim in seine Halle.

Epigramme.

Die goldene Zeit.

Orakel.

Wann auch nicht Ein Weiser mehr sein wird, oder ein Herrscher,
Nicht Ein Reicher wo mehr, oder ein Heros noch wo;
(Sclaven nur machen den Herrscher, den Heros machen die Hydern,
Wo Ein Weiser nur ist, giebt es der Thoren gar viel)
Dann ist die goldene Zeit! Nach ruhigen gleichen Gesetzen
Wandelt in Leben und Tod selig so fort die Natur!
Aber die silberne Zeit schon kommt, wenn der Reiche, bedenkend,
Weß Gut stumm er besitzt, klug mit dem Armen es theilt.
Siehe, die goldene Zeit steht hinter jeglichem König,
Und ein jedes Geschlecht blüht in Arkadien auf;
Doch will jeder, so lang' er lebt, gern König noch bleiben —
Wenn er gestorben, dann gleich herrsche die goldene Zeit!
Aber schon greifet der Sohn nach Schatz und Krone des Vaters,
Sieh, und die goldene Zeit harrt nur auf's Ende der Welt.

Die Nachschöpfer.

Einmal hatte der Gott nun die Welt, die gelungne, geschaffen,
Als vollendetes Werk fiel sie vom Künstler dann ab.
Nicht die geringste Spur ist daran zu entdecken von Arbeit,
Und sein Götterkind lebet und webet in sich.
Heimlich erfreut es den Gott, daß die Menschen ihn nun nicht glauben,
Ihr nichtswissender Blick preist das gerathene Werk.
Aber mit Künstlerdrang' auch hatt' er den Menschen gebildet,
Und dem Geschäftigen schien, nur zu genießen, zu klein;
Da nun einmal die Welt schon vor ihm stehe vollendet —
Dürft' er, ach, Schöpfer sich nur eigener Werke doch sein.
Siehe, da gab ihm Gott doch die Kraft, sich die Kinder zu zeugen,
Und, o Phantasie dich, göttliche Bildnerin, dich!
Nun wähnt jeder sich selbst bei'm eigenen Weibe der Schöpfer,
Und nach seinem Gelüst schaffet sich jeder die Welt.

Natur und der Mensch.

Wie auch immer du bist, so gestaltet nach dir sich Natur auch,
Stets mit dem wachsenden Sinn wächset und gnüget sie dir.
Ach welch heilige Jungfrau umarmt noch der heilige Jüngling —
Regt sich ihm Amor, entdeckt er in der Heil'gen das Weib!

Glaube an sich.

Huisum gleich noch die Rose zu malen, — das sagt ihr mir Jünger —
Ist ein Wunder! die Zeit, Wunder zu thun, ist vorbei! —
Also ist keiner, der feurig entglüht, und das was er sein wird
Fühlend in göttlicher Brust, rufe begeistert: „Ich bin's!"
Keiner, der, sehnsucht-blaß, kraftvoll es im Geiste sich vornimmt.
Wahrlich, was ihr nicht glaubt, wahrlich geschiehet das nie!

Der thörichte Gott.

Vollumdrängt ist der Strand zu Eleusis am Feste Poseidon's,
Phryne, das göttliche Weib, badet im bläulichen Meer.
Denn sie will dem Apelles als Meergeborne erscheinen,
Um durch göttliche Kunst selber die Göttin zu sein.
Siehe, da taucht sie hervor! nun betritt sie mit reizenden Füßchen
Leise das Ufer, und süß schauert ihr blendender Leib.
Wonne bezaubert die Jüngling' und Wonne die Alten! voll Andacht
Knieet Apelles vor ihr, ruft zu Poseidon hinab:
Zweimal ist kein Sterblicher selbst ein Thor! — und Poseidon,
Du — Du ließest bethört zweimal die Göttin von dir?

Winkelmann.

Die in dem Erdschooß ruhten, die Götterbilder in Marmor,
Seufzten zum Orkus hinab, ach, wo die Götter nun sind:
Daß sie doch einmal wieder das Licht und die Sonne gewahrten,
Und für die Stummen ein Mann spräche mit Würd' und mit Geist. —
Siehe, da wählt' Aphrodite, gerührt in dem schweigenden Herzen,
Winkelmann-Hermes sich aus, daß er sie führ' an das Licht.
Aber damit er vom Schaun die himmlische Schönheit erkenne,
Zeigte die Göttin zuvor nackt sich ihm selber im Hain.

Werther in Sparta.

Zweifelst du, daß es noch heut spartanische Jünglinge gebe?
Stets bleibt lüstern das Weib, bleibet voll Sehnsucht der Mann.
Heutige Jünglinge lebten ja auch schon lange vor Alters;
Hör' einmal an, wie es dort Werther'n in Sparta erging:
„Wir, die Ephoren von Sparta, wir lassen dir, Alberten, sagen,
Daß du dem Werther alsbald leihest die willige Frau;
Daß der begeisterte Jüngling dem Staat so begeisterte Söhne
Zeuge.
Wir bleiben, wie vor, dir und der Lotte geneigt."

Erblasser und Erbnehmer.

Sah ich nicht spottend den türkischen Mann auf dem Hügel Achills
stehn!
Ach, und ich Menschenkind stand ich nicht selber darauf?
Sieh, und doch ließ mir Achill sein Grab, den Homer, und die Sonne!
Seinen Ruhm ja sogar kann ich empfinden, nicht er.
O wie so häufst du, o Welt, dein Schönes, wie häufst du den
Reichthum!
Ja, es ist Seligkeit, später geboren zu sein,
Jung in den Tagen zu stehn, wo die Götter selbst alt und dahin sind,
Erbe zu nehmen von euch, Himmel und Erde vor uns!

Besitzergreifung.

Hört' und schaut' es, so nehm' ich von Erd' und Himmel denn Erbe!
Sonne, von dir, von Homer, rings von dem seligen Land;
Blumen, von euch, zum Kranz; von dem Meer, zum wonnigen Bade;
Funkelnder lieblicher Wein, saftige Feige, von dir!
Reizende Mädchen, von euch auch nehm' ich das schönste Besitzthum!
Keiner verwehret mir euch, weder der Mond noch die Nacht.
Siehe, die köstliche Welt, sie gehört ja der köstlichen Jugend,
Ich auch bin ein Schatz liebenden Schönen, wie sie!
Jahre noch stehen mir zu, voll Kraft und freudiger Wirkung,
Lange noch hab' ich den Werth, welchen nur Götter verleih'n.
Segnet mich, herrliche Götter! ihr Göttinnen segnet mich alle,
Und ich gelobe zum Dank: euer von Herzen zu sein!

Die Schaffung der Harmonika.

Als nun Prometheus, wiedergekehrt, bei seinem geliebten
Menschengeschlecht in Gestalt Franklin's auf Erden erschien,
Und er dem Himmel den Blitz, den Tyrannen das Scepter entrissen,
Nun dem Bedrängten zum Trost noch die Harmonika schuf,
Bat er Athene'n, daß sie den Spioß mit den Glocken in Götter-
Wonn' eintauchte. Doch sie tauchte ihn weiser in Schmerz.
Reinste Wonne der Götter ertrüg' ein menschliches Herz nicht!
Götterschmerz schon wird Wonne der Sterblichen Brust.
Aber die tief vom Schmerz durchbeizeten Glocken zu netzen,
Brachte sie auch ihm ein Glas Wasser, aus Lethe geschöpft.
Darum weint, wer die Glocken nun hört, und träumt sich im Himmel
Und vom letheischen Naß duftet Vergessenheit ihm.

Joseph Haydn's Grabschrift.

Nachtigall, setze dich her, du göttliche Sängerin, schlage
Hier in dem Rosengebüsch fürder das rührende Lied.
Dies hier ist Haydn's Grab! hier haben sie, ruhig zu schlummern
Weinend versenket den Greis. Singe, indessen er schläft,
Daß dein Lied ihm, wie Bienengesumm müdschlummernden Schnittern,
Flüstr' in den webenden Traum, und daß der Meister der Kunst
Töne zu ordnen, entzücket im Geist ein Lied sich daraus webt,
Wie es den Wachenden sonst selbst sich behorchend erfreut.
Klangstoff war ihm die Seele, die Brust ihm die hallende Laute,
Mit der melodischen Fluth rann ihm das Leben dahin!
Ihm war Niemand gleich von den Lebenden oder den Todten,
So zu erschüttern wie Er, rührend der Sterblichen Herz.

Meines Jugendfreundes

Alexander Rhöde's Grab.*)

Himmel, was seh' ich! ist das ein Grab, was süßer Jasminduft
Lieblich umhaucht? was, so klar, silbernes Wasser umfängt,
Dem sanft Rosen sich neigen und schaun zu den Wolken da drunten,
Die aus Frühlingsschmelz droben der Aether gewebt,
Während surrende Bienen in Lilienkelchen sich ätzen
Und sich der Nachtigall Laut sanft in dem Flieder verfängt —
Heißt das ein Grab, o so heißet die Seligkeit Tod! o so senkt auch
Mich nur hinab; denn ich weiß Schöneres nichts wie den Schlaf
Mitten im Himmel, umfangen vom Blau, von der Sonne geküßt, früh
Perlenbethaut — und der Freund weinet untröstlich nach mir!

*) Er starb als designirter Berghauptmann des Silberbergwerks zu Koliwhan an der Grenze von Persien.

Dr. Jenner's Bild,

von Hobday gemalt, von Sharp gestochen.

Jedes schöne Gesicht ist Jenner's Bild! Im Olymp nun
Lohnet ihm ewigfort Aphrogeneia dafür.

Grabschrift auf Heinrich Lubisch.

Ganz umbauet den Sarg ihm mit Jungfraunhonig, ihr Bienen,
 Denn der Schläfer im Sarg war euch Beschützer und Freund!
Daß gleich wenn er erwacht, im erneueten Lenze zu fliegen,
 Wie aus der Zelle die Brut, liebliche Nahrung er trifft.

Schönheit und Liebe.

Schönheit sucht sich die Liebe, und Liebe, sie sucht sich die Schönheit,
Sieh', und so finden sich froh Schönheit und Liebe gewiß.

Rücknahme beim Abschied.

Mädchen, ihr füttert so üppig nur euch mit ambrosischen Küssen,
 Scheidend wie Bienen mit Süß, das für uns alle gelangt!
Lina, ich zähme mich nicht! mit Gewalt vor den gellenden Schwestern
 Raub' ich mir dir von dem Mund, alle die Küsse für mich.

Der Heimlichbeglückte.

Immer umgeben ist sie von den Jünglingen, hohen und schönen,
Doch der geheimen Gestalt wundern sie immer sich all':
Ein solch göttliches Herz, nicht liebe das? Keiner noch lieb' es? —
Euch ist sie stumm, daß sie still innen sich wende zu mir!
Nach auf den Hügeln sing' ich vorüber im Abendgoldglanz,
Und den verlorenen Tag schenket mir, sehnend, ihr Blick!

Die einzige Muse.

Musen erscheinen nur noch in Gestalt der Geliebten! — die Lieder,
Die ich ihr bringe — sie gab sichtbar sie alle mir ein.
Lieber doch bin ich noch jung, und lieb' ich, und werd' ich geliebet,
Als daß du mir nicht mehr, Muse-Geliebte, erscheinst!

Der fliehende Amor.

Schmerzlich zu Allem bewegt Mitleid, nur nimmer zu Liebe;
Meide, das Erdenkind in dem Geliebten zu sehn!
Gern spielt Liebe den Gott. Als Psyche, den Amor zu kennen,
Nah' ihn beleuchtete, floh selber der Schönste beschämt.

Der Gürtel der Venus.

Juno hatte den Gürtel des Reizes von Venus geliehen,
Als sie den grollenden Zeus dort auf dem Ida bethört.
Eh' sie das wirksame Band jetzt ungern Venus zurückgab,
Trennte vor Neugier sie erst, was nur darin sei, es auf.
Als sie nun nichts daran, und nichts darinnen gefunden,
Ueberraschte sie Zeus, der sie mit Lächeln errieth.
„Spotte des Vaters nicht, daß er nichtige Gaben verschenke,
Hab' ich doch selber, der Gott, stark die Bezaubrung gefühlt!
Das erst macht mich zum Gott, daß ich Nichtiges weihe zu Großem,
Jegliche Gabe von mir spielend zur göttlichen wird;
Daß es mich selber bestrickt, mir die Sinne verwirrt, wenn mich Wolken
Tragen und spiegeln und schaun, die ich doch selber gewebt.
Gieb ihr den Gürtel zurück und lerne die sichre Bezaubrung,
Welche dem nüchternen Sinn selber die Kraft noch bewahrt:
Glaube, du werdest gefallen, und sehne dich tief, zu gefallen —
Und du gefällst. Durch Dich wirkt nur das Wunder der Gurt."

Geist ist Werk.

Ja, ein Raphael heißt dir mit Recht das Gemälde vom Sanzio;
Er, Hand, Auge, ist todt; Raphaels leben noch viel!
Erst in dem Menschen erscheint die Natur am göttlichsten, darum
Nenne das Kunstwerk frei: göttliche höchste Natur.
Wie du die Schöne verehrst, als wäre sie selber die Schönheit,
Die sie verdienstlos doch nur trägt, wie die Ros' an der Brust:
So, und höher verehre den Künstler! das Schöne — das schafft nur
Er, es ist selbst sein Geist, Leben und blühendes Sein.

Die Söhne des Geistes.

Wahrheit wächst endlos, und tausend künft'ge Geschlechter
Trinken davon mit der Milch, handeln dann fort in dem Geist.
Finde nur Wahres, so wird dein Geist zur Welt sich erweitern,
Wie aus frühestem Korn Saaten die Erde nun füll'n
Immer verjüngt und neu aufstehst du in jedem Geschlechte,
Selber mit leiblichem Aug' schauest du ewig das All.
Was sie thun, das thuest dann du; denn in allem der Geist nur
Ist es, der lebt; und der Stoff ist nur der Leiter der That.

Weg zur Vollkommenheit.

Alles Vollkommne ist schön und alles das Schön' ist vollkommen;
Bilde du Schönes, du bist ewig vollkommen und wahr.
Nur Schönsein ist der Sterblichen Glück; doch Schönes zu bilden
Macht dich der Gottheit gleich, schaffender, seliger Geist.

Die gedichteten Dichter und Propheten.

„Ganzes germanisches Volk, Millionen der übrigen Erde,
Alle vereint schreibt ihr nicht wie der † † das Werk!“ —
Du sagst recht — aus tausend versammelten jetzigen Köpfen
Wird durch Schmelzung nicht Einer, der künftige Mann.
Heimlich nur wächst in den Allen das Göttliche lange, als Ein Geist
Kommt es vollendet zur Welt, Namen empfangend und Mund.
Sieh, das gesammte Geschlecht, Millionen der vorigen Erde
Schrieben am herrlichen Buch, das du mir zeigest, von je.
Menschen, sie sind ja die Geister der Erde, der Sinn des Gestirnes,
Aber die Dichter sie sind sammelnde Stimmen der Zeit.

Sonnenuntergang.

Sonne, nun lebe du wohl! ach, niemals seh' ich dich wieder,
Denn den gelebten Tag trägst du auf ewig hinab.
Aber du bist ja der Tag! und so lang nicht du mir verschwindest,
Schau' ich, so oft du mir kommst, jeglichen Tag noch in dir.

Todeserfindung.

Als nun Zeus unvergänglich die Welt sich erschaffen, die ringsum
Leuchtend strahlte und warm glühte und blühte voll Duft,
Schwebt' er auf Rosengewölk mit den Göttern und Göttinnen sonnig
Jetzo zum erstenmal durch das ambrosische Haus.
Alle bewundernd schwiegen erstaunt und lächelten gnügvoll,
Bald zu dem Himmel empor, bald zu der Erde hinab.
Doch Aphrodite schmachtet' ihn an und sah ihm in's Auge,
Als ob ihr seliges Herz eins noch zu rathen versteh'.
Nun, mein Töchterchen, rathe mir, hilf mir vollenden! so sprach er
Fröhlich sie neckend. Und sie: „Weiß doch die Liebe noch Rath!
O wie ist Himmel und Erde so schön, o wie schön ist die Sonne,
Wie ist das Menschengeschlecht schön, und die Blumen wie schön!
Dennoch mach' ich das Alles noch kostbarer, schöner zum Staunen,
Ueberschwänglich geliebt, und zur Verzweifelung werth!
Denn dein Leben nur leben, das Schöne nur lieben, ist wenig;
Ewig den Himmel zu schaun, machte den Himmel gemein —
Lasse die Blumen vergehn, laß sinken die herrliche Sonne,
Sieh, und die Erde wie neu bringst du im Frühling hervor!
Lasse die Menschen den Himmel verlieren, das Schöne beweinen,
Und du erschaffest die Welt zweimal, ein seliger Mal;
Laß sie vergebens das Schöne beweinen! dann machst du's unschätzbar,
Sieh, und die Lieb' in der Brust fachst du zu Seligkeit an,
Wie sie die Himmlischen selbst nicht fühlen; sie steigen hernieder
Dann zu dem Menschengeschlecht, lieben und weinen mit ihm!“

Glühender immer im Antlitz und glühender hörte der Vater
Der Herzkundigen zu — und er gewährt' ihr den Wunsch.
Siehe, da sandt' er die Nacht zum erstenmal zu den Menschen,
Und ihr Leben, vor eins, macht' er zu tausend dadurch;
Lächelnd auch schuf er den Tod, der als blasser Jüngling vor Zeus stand,
Und er küßt' ihn und sprach: Ziehe denn hin in die Welt,
Aber verschweige, daß Liebe dich schuf, du zur Wonne gesandt bist,
Nur als der ernsteste Gott wirkst du die Wunder dem Volk! —
Aber er weinte, der Mörder zu sein, vor dem Amt' aufschaudernd,
Bis er denn lächelnd verstand: wie es der Vater gemeint. —
Und die unsterblichen Götter, die schönsten der Göttinnen stiegen
Froh nach dem Kleinod kurz-blühender Menschen herab.
Zeus, Zeus liebte Semele; und als sie ihm Asche geworden,
Rief er den Tod an; doch der sank ihm zu Füßen nur hin.
Juno starb, und ließ in die heilige Erde sich legen,
Daß drei Tage sie nur werde wie Frauen geliebt!
Selbst Aphrodite, sie liebt' und beweinte den schönen Adonis,
Als er, der Lilie gleich, ihr an dem Busen erlosch,
Als kein Gott ihn erweckte, er ihr auf immer dahin war
Und ihr die Sehnsucht fast sprengte die göttliche Brust;
Siehe, da warf sie an's Herz des umfangenden Vaters inbrünstig
Sich, und lispelte: „Wer weinet, der liebet! — So sei's.
Liebe nur leidet. Wer nimmer gelitten, der liebete nimmer!
Wem das Geliebte nicht starb, nimmer hat der auch gelebt!
Denn nur der Sterbliche, selber der Todte hat liebenden Herzen
Erst unermeßlichen Werth, der dem Unsterblichen fehlt."

Amor und Psyche.

Frühe blüht' uns ein Glück, unsäglich der kindischen Lippe,
Durch drei Küsse vereint schlang ich dich ewig an mich.
Doch als leuchtender Blitz nur erschien und verzehrt' es sich selber,
Himmelgeblendet nun, ach, wandelt das Auge in Nacht.
Sonnen — sie steigen herauf und bringen die Tage, die keine
Tage mir sind; neujung kehren die Frühlinge stets.
Glaub' ich die Frühlinge noch? Und glaub' ich sie — freun sie mich doch nicht!
Den, der den Himmel genoß, stillet dai Erde ihn mehr?
Durch die verödeten Tage nur spinn' ich das einzige Glück aus,
Wie man geschmeidiges Gold weit in den Sälen verdehnt.
Mir, ach, kehrte die Hoffnung sich um, und ward mir Erinnrung,
Sehnend zurückegewandt such' ich mir einzig nur dich.
Sieh, da enthüllt die verwandelte Hoffnung dich mir, und entschleiert
Dich und mich aus dem Flor, glänzend, ein Seligenbild.
Himmlische Tage der Jugend, nicht seid ihr verschwunden, ihr bleibet!
Weitergerissen, wer lebt, schiffet nur weiter von euch.
Himmlische Tage der Jugend, ihr ruht wie die ewigen Sterne
Götterbildern gleich, droben auf dunklem Gebirg.
Leuchtende Frühlinge, o wie genoß ich euch, da ich ein Kind war,
O wie entzücketet ihr wonnig das gläubige Herz!
Hell in den Blumen da lag mir der Himmel auf Erden gebreitet,
Nur voll kindlicher Scheu rührt' ich die Heiligen an!
Himmlisch dufteten Blüthen; mir nah in den säuselnden Wolken
Zog Allvater, und warf rosige Schlangen in's Land.

Sehnend rief ihm die Nachtigall nach aus Blüthengebüschen,
Alle, vom Winde gebeugt, neigten die Blumen sich ihm.
Donner des ersten Gewitters, wie trafst du so heilig das kleine
Herz! mit dem Wunderhall grüßtest das Kind du im Thal.
Fromm auf der Hand mir bewunderte Tropfen vom heiligen Himmel,
Schwefelumsäumeter See, tiefes unendliches Blau!
Glomm das Gewölk nicht drunten wie droben im doppelten Himmel?
Doch kein Eingang war rings in das offne Gezelt —
Und wir Kinder, wir wateten, bis an die Kniee die Kleidchen
Hebend, drinnen umher, lächelten drunten uns zu!
Niedergefallene Sterne, ihr flammenden Säulen des halben
Regenbogens, und du, schauernd belauschete Nacht:
Wie die gesunkene Sonne zurück sich schleiche zum Aufgang?
Grub ich den Blumen nicht nach: Wie sie nur blühten im Beet?
Kamen die Göttinnen nicht zu unseren Spielen gewandelt?
Ach, und der Schönsten geheim streift' ich mit Schauder das Kleid.
Siehe, du warst's, und umschlangst du mich nicht, und umschlang ich da dich nicht!
Um uns Götter da war Himmel und Lust nur umher!
Hörst du Psyche? du weinst schon lang' und verbirgst dein Antlitz
Glühend im Grase, wie Thau blinken die Thränen daran.
Hörst du: es war um uns Götter der Himmel, es war — und wir sind noch.
Psyche, es war! und wir sind noch, nur der Himmel verschwand.
Glimmen die Blumen, wie Sterne, denn nicht noch schimmernd auf Erden?
Warum scheulos jetzt rührst du die heiligen an?
Duftet die Flur nicht himmlisch, und zieht nicht in säuselnden Wolken
Noch Allvater, und wirft rosige Schlangen in's Land?
Ruft ihm die Nachtigall nicht laut nach aus Blüthengebüschen,
Sinken, von Lüften gebeugt, nicht ihm die Blumen noch hin?

Ach, ihr Schläge des Donners, wie trefft ihr das schuldige Herz nun
 Mahnend! Ach, Alles ist da, doch nur das Herz ist erwacht.
Mir ist über die Brust ein Wolkenschatten gezogen
 Nie mehr glänzend und rein, bleibt mir verschattet das Herz.
Auch dir, Psyche? du nimmst dir den Kranz aus Rosen vom
 Hauptthaar
 Und du zerpflückst sie — o laß sie, die unschuldigen, blühn!
Psyche, athme der Rose Geruch! denn des ferneren Lebens
 Bilder, sie zaubern dich all' wieder hinauf in dein Glück.
Sind uns die Tage nichts mehr, die Frühlinge, o dann bedeuten
 Tausendfaches sie uns, sind sie die göttlichen erst.
Athm' ich der Rose Geruch, dann fühl' ich mich droben in Unschuld,
 Wieder in Wonne versenkt, dringet mir selig in's Ohr
Wieder der Nachtigall Lied, zum Himmel verklärt ist die Erde
 Und mein einstiger Gram dünkt mir ein künftiger Traum.
Doch die gefangene Biene, die bang im blühenden Mohn surrt,
 Weckt mich, denn ach, so surrt mir der gefangene Muth.
Sieh, da verwandelt der Himmel, der eine umfangende Rose,
 Wie mich gebar, mir erschien, wieder zur Rose sich mir!
Ach, dann füll' ich der Rose mit Thränen ihr schattiges Herz an —
 O wie erquicket ihr doch, edele Schmerzen, die Brust!
Kaum nur verloren, noch schau' ich bewahrt mein Glück, so wie seine
 Schätze der Schiffer im Meer schaut, wann die Sonn' es erhellt;
Taglang blickt er hinab, und labt sich mit weinenden Augen,
 O wie beseligend erst ist das verlorene Glück!
Siehe, so bang du verloren es wähnst, o so fest ja noch hast du,
 Kennst du es, noch so schön lebt es, sich regend, in dir!
Weinest du nicht mehr, dann ist es dir hin! wenn du willig die Augen
 Trocknest, dann scheidest du dich selbst von dem vorigen Glück.
Heilige Sehnsucht erst verbindet Himmel und Erde,
 Freundlich in Thränen erscheint uns das Vergangene nah;

Was wir lebten, noch lebt es! in jenen gewichenen Tagen
　　Stehn, uns umarmend, im Kranz ewig wir Liebenden dort.
Unverwandt schau' immer hinauf zu den göttlichen Bildern,
　　Liebreich neigen sie sich, lächelnd uns Weinenden ab.
Wir sind Jene, und sie sind wir! Uns selber zu schauen,
　　Daß die Verklärten auch uns Künftige schauten, darum
Stellten die Götter empor die so seligumschlungnen Gestalten,
　　Ließen sie uns noch fort leben und weinen und glühn.
Aus der Vergänglichkeit ersteht ein unendlicher Reichthum,
　　Nur aus ihr ein hold-schweigendes, sicheres Reich;
Und ihr Schmerz ist betäubende Wonne nur, daß wir Vergangnen
　　Götter geworden, es fort werden, so wie wir vergehn.

Hymnen.

An die Natur.

Heilige Mutter Natur, du schöne unsterbliche Göttin,
Die du Leben mir gabst von deinem ureigenen Leben,
Mir mein glühendes Herz und die selige Gabe zu singen,
Bis zum äußersten Hauch sollst du mein hoher Gesang sein!
Denn dein bin ich, dein ist die Harfe, und was ich besinge,
Denn du hast ja das Alles, was rings ich nur schaue, geboren,
Alles umfassest du und trägst voll Lieb' es am Busen,
Oben am Himmel die Sterne, und unten auf Erden die Blumen,
Und so viel auch leben der nimmergezählten Geschlechter
Finden sie alle in dir ihr Beginnen und finden ihr Ende.
All' aus deinem gesegneten Schooß aufblühen der Erde
Kinder dir, rings in den Städten, im Feld und im Wald und im Meere,
Alle erfreun sich im Strahle der Sonne des seligen Lebens,
Kehren entschlummernd dir in den Schooß still alle zurücke.
Gleich wie die sterbliche Mutter ihr langendes Kind aus der Wiege
Aufnimmt hold an die Brust, mit belebender Milch es zu tränken,
Drauf es gestillt hinlegt, stillwandelnd nach ihren Geschäften;
Also wandelst du hin, du hehre unsterbliche Mutter,
Stets gleich jugendlichschön dich lieblicher Kinder erfreuend.
Jene, im Silberhaar, gehn müd' schon am Stabe des Alters
Diese hier spielen noch froh in dem Rosenglanze der Jugend.
Wie der Citronenbaum zugleich nährt Blüthen und Früchte
Diese, erst heimlich sich blähend, nun reifen im Schatten des Laubes,
Andere blühen still auf, noch andre entwehet der Nachtwind;

Also vollbringen die Menschen nur alle ihr einzelnes Leben,
Alle, so viel auch sind, doch genießen nur einerlei Gabe.
Nach der berauschenden Jugend und nach der entzückenden Liebe
Kommet doch allen das Alter, und allen doch kommet der Tod einst.
Drum geh ruhig hindurch, vollbring' dein Leben du richtig;
Wann ihr der Frühling kommt, dann steiget die Lerche zum Himmel,
Ist er ihr hell, zum hellen, zum trüben dann, ist er ihr trübe;
Draußen im Wald' auch paart sich das Thier, nicht achtend der Wittrung,
Denn ihm ist nun die Zeit sich zu paaren und fröhlich zu schweben.
So auch ist dir die Zeit nun zu singen und fröhlich zu schweben.
Lasse den Lebenstag, o Natur, mir heiter und schön sein,
Daß kein trübes Gewölk mir die einzige Sonne verschatte,
Denn du lebst nur unsterblich, du jugendselige Mutter,
Und hörst ewig dein Lob aus dem Munde der sterblichen Menschen.

An die Erde.

Erde, du göttliches Weib, du mit jährlichverjüngetem Antlitz,
Wessen nur eher als dein wohl sollte mit Feiergesange
Fromm ich gedenken? so fromm nicht, säng' ich zuvor den uralten
Nächtebeglänzenden Mond und die menschenerweckende Sonne,
Sänge den schönsten der Sterne des weißumgürteten Himmels,
Oder den Heiligen selbst, den Erzeuger der seligen Sterne,
Welcher Gemahl dir und Vater ist. Jene nur sind dir Geschwister.
Diesen soll auch ein bescheidner Gesang aus verehrender Brust nicht
Mangeln, damit sie auch hold mir die menschlichen Tage bekränzen;
Doch wir leben von dir, nur von dir ist Geist und Gebein uns,
Deine Geschäfte nur thun wir und wandeln in deinen Gefilden,
Ein Weib bist du des Himmels! doch wir sind Kinder der Erde.
Dank dir vor allem zuerst, Urmutter der Lebenden aller,
Heilige Erde, daß du die Geschlechter von meinen Erzeugern
All' einst liebend gepflegt an den süß aufnährenden vollen
Brüsten. Denn jeglichen legtest du klein, umfangen von Schlafe,
Einer ihn liebenden Mutter an's Herz; und jeglicher meiner
Mutter-Mütter gabst du als rosigblühenden Mädchen
Blumen der Flur zum Schmucke des sanft anschwellenden Busens,
Oder das lockige Haar nach Herzenswunsche zu kränzen,
Wie Jungfraun gern lieben zu thun im gekehreten Frühling,
Wenn voll stehen die Wiesen zur Wahl; und jeglichem meiner
Väter-Vater führtest du solch' ein jugendlich Weib zu;
Segnetest dann ihm das Haus zur Freude mit lieblicher Kinder
Munterer Schaar, die die Zeit ihm erneuten der goldenen Jugend;

Ließest ihn Tausende ruhn der gestirnhinweidenden Nächte
Wonnig dem Weib an der Brust; vielmalige Jahresumrollung —
Erst ihm den Frühling zeigend, darauf nach des Sommers Entfaltung
Auch noch den fruchtausspendenden Herbst und den feiernden Winter —
Mit ihr genießend schaun; gabst ihm vom unendlichen Vorrath,
Sei es nun Beute der Jagd aus wildpretnährenden Waldes
Dickicht, sei es nun Frucht von markerneuenden Saaten,
Sei es die Traube des herzenerfreuenden Weines, und Kleetrift
Liebenden Hornviehs Heerden, und Zucht weißvließiger Lämmer,
Oder nun Fang vom unleerbaren Schatz fischwimmelnden Meeres,
Wie ihm das Herz nur begehrte: denn viel sind Werke des Menschen,
Sich zu erfristen das Leben, doch ruht dein Segen auf allen.
Und wie Geschlecht aus Geschlecht in der wandelnden Jahre Verdrängung
Bündig entkeimete, fand ein jedes in dir das Bedurfte,
Und selbst fehlte den merklosverwandelten Alten zuletzt nicht
Auch ihr empfangendes Grab, und keinem die Ehre der Thränen.
Denn du bestimmtest den Tod ja den Kindern aller Geschlechter,
Gleich wie dem schweigenden Blumengeschlecht, stillduldenden Menschen;
Siehe, in einem der Lenz' entblühn sie, im andern vergehn sie.
Und wie du alle gepflegt die lebendigen Väter und Mütter
Aller derjenigen, welche mit mir nun die Lande bewohnen,
Welche mit Flossen das Meer durchrudern, die lieber in Wäldern
Hausen, und die in der Luft auf Fittigen heut mich umschweben,
So ruhn alle sie todt nun in deinem geheiligten Schooße;
Sieh, und mit Enkeln der Menschen und Blumen nun leb' ich, der Enkel.

Erde, du göttliches Weib, du mit jährlichverjüngetem Antlitz,
Höheres möcht' ich noch preisen von dir, du Mutter der Wolken,
Freundin der Nacht, Milchschwester des oft vollreifenden Mondes
Welcher so leis dich beschleicht mit der Fackel im Düstern sich leuchtend,

Wenn es umher tief schweigt und süß dir die Kinder in Schlaf ruhn.
Denn wer sänge genüglich von dir, wenn er singt, was du Menschen
Bist, Unerforschliche! Mehr ist deines verborgenen Wirkens!
Niemand wachte vor dir, dein Werk zu belauschen; und was du
Vorhast, keiner erfährt es, denn selber die letzten Geschlechter
Legen darüber zuvor sich noch schlafen. Dich, Erde, verehr' ich
Täglich nur mehr und allein, die du giebst, die du nimmst, und vereinet
Lässest im Sonnstrahl wandeln, und legst in das Grab; die du mir auch
Legtest in's Grab, mit denen vereint ich gewandelt im Sonnstrahl.
Jeglichem giebst du doch eines zu lieben, doch eins zu beweinen,
Daß sie im Traume des Schmerzes die Seligkeit deiner genießen
Und, anbetend, dich finden, und was dein heiliger Brauch ist.

Wie das unmündige Kind, dem die liebenden Aeltern dahin sind,
Zur Großmutter sich kehrt, und die Gute das Einsame großzieht,
Also wend' ich mich, Erde, zu dir, Großmutter der Menschen,
Und nicht glaub' ich zu missen der Pfleg' und jeder Beschickung.
Denn Großältern lieben die Enkel ja mehr wie die eignen
Kinder; und allen bewahrst du den nimmererschöpflichen Reichthum,
Draus du die tausend Geschlechter begabt, und die Fülle der Schätze
Blieb dir noch übrig, als hätte dir keins nur berühret das Festmahl,
Auch so viel sie genossen, und mehr noch schauten sie wonnig!
Und so umfängst du mich jugendlichschön, wie die Mutter ihr erstes
Kind auf dem heiligen Schooß, und was es verlangt, das gewährt sie;
Denn ihm bereitete lange zuvor die Besorgte mit Lächeln
Schöne Gewand' und nützlich Geräth, selbst liebliches Spielzeug.
Berge nun hast du umher, und Thäler in Mitte der Berge
Und in den Thälern Hütten, und ach, in den Hütten nun Jungfraun,
Liebend und schön gleich dir; denn du lebest in jeder geheim selbst!
O so begegne du selber mir dann, und erröthe zum Zeichen!
Richte das Haus dir ein, wie du magst, und so wie dir bequem ist;

Wohne bei mir dann als eine von deinen beseligten Weibern,
Sei das Weib mir, das treue, die sorgsame Mutter der Kinder,
Welche mich auf dem Gange des wechselnden Lebens begleitet,
Einst den Gestorbenen redlich beweint, und die Augen mir zudrückt,
Und noch den Todten geleitet, von Haus und von Freunden getragen,
Ruhig im Sarge gebettet, um auch das zu werden was du bist,
Erde, hinab dir gesenkt, und die Kinder umstehn mich bewundernd!
Aber du führe sie heim und lehre sie, weise, das Leben.
Nicht reich sein sie, noch arm, um getreu stets dein zu gedenken
Und in deiner Schöne Gefühl und Milde zu bleiben.
Wie ich die vorigen Tage mit dir schon gelebt in den Vätern,
Leb' ich die künftigen alle dereinst bei dir in den Kindern.
Aber, o kannst du mir keine der ärmesten Gaben gewähren
Die du dem Bettler verleihst, und sei es der Stab in den Händen –
Laß unglücklich allein mich sein! O möcht' ich's allein sein!
Und nicht will ich ihn stören dir deiner Gesegneten Jubel.

Heil dir, Erde, du Selige! Sei mir auch Schweigenden gnädig!

An den Himmel.

Wag' ich denn einen Gesang auch von dir, du Träger der Sterne,
Seliger Alter, du weißumgürteter, Gatte der Erde!
Wandelloser du selbst, wenn du auch alles verwandelst;
Feuer und Aether und Licht, und wie sonst dich Sterbliche nennen!
Soll ich besingen, Unendlicher, dich, ein Erdegeborner?
Soll ich beginnen, wie schön du das Leben der sterblichen Menschen
Aller, so viel schon ruhn im Schooße der heiligen Erde,
Weihend bekränzetest; wie du noch künftig bekränzen die Tage
Derer wirst, welche noch schlafen im goldenen Saamen,
Der am bleichenden Halm erst reift; ach, soll ich es feiern,
Wie du schön bist im Sternengewand unverwüstlicher Dauer;
Wie du geschweifete Häupter, die silbernen Heerden zu mustern,
Ausschickst, Sterne dahinstreust, Mond und Sonne verfinsterst,
Und dein fruchtbares Weib dir, die Erde, bewachest mit deinen
Tausend Augen; die Schlummernden nachts mit erquickenden Lüften
Hold umsäuselst, sie oft zu geheimnißvoller Umarmung
Ueberbreitest mit Donnergewölk, und während die Regen
Rauschen, bei rosiger Blitze Geleucht ihr den schütternden Schooß süß
Segnend befruchtest! — Bang dann zittern die Kinder der Erde,
Und sie verbergen sich alle, bis du nun wieder entwandelt,
Lächelnd das Weib anblickst, sie bestrahlest mit brütender Wärme.
Sieh, dann gebiert sie dir bald unzählige liebliche Kinder:
Fische im Meer, und Halm' auf dem Acker, und Blumen auf Wiesen,
Fliegende Vögel, die hoch zu dir an mit Gesang aufstreben,

Früchte wie Wachs an den Bäumen, und blauumhauchete Trauben,
Ach, und Gebilde, die keiner gesehn, noch keiner bewundert!
Doch du umfängst sie dir alle mit Liebe, den künstlichen Menschen
Gleich wie den webenden Wurm in der Stille der schattigen Grasnacht.
Dein Anblicken ertrügen ja nicht, Allvater, die Menschen!
Darum verschleierst am Tage du mild dich in Glanz und in Wolken,
Daß sie begnügt ohn' Angst vollbringen die kleinen Geschäfte;
Darum, wenn in der Nacht du die oberen Wunder begehn willst,
— Denn von den himmlischen Thaten erschallt nie eine zu Menschen —
Senkest du alle zuvor dir in Schlaf am Busen von ihrer
Mutter, der Erde; und welcher wacht, um dich still zu belauschen,
Diesem verwirrst du den Sinn, auch selbst dem verschwiegenen Sänger,
Dem doch vor allen in süßes Geheimniß Geweiheten! Schlummernd
Treibt auch leise der Schwan, wie der sanftaufkräuselnde Nachtwind
Willig ihn steuert, über den stern-aufblinkenden offnen
Aetherabgrund, froh, daß krystallene Flächen ihn halten;
Und nur die Nachtigall schlägt dann allein, sie, die sich ergötzend
Unaufhörlich am eignen Gesang, in den Tod sich einsingt.

An die Wolken.

Himmelbeschiffende Wolken, ihr goldlicht wehenden Schleier,
O ihr Götterpaläste, ihr sonnenbeglänzten Gebirge,
Purpurne Bäume, ihr Burgen von Stahl und silberne Lämmer,
Fliehend alles, verschoben, vermischt und verwandelt im Anblick,
Tausendgestaltige, seid mir begrüßt mit erhobenen Händen!
Seid mir bedankt! auch ob ihr nie euch um Menschen bekümmert,
Sausend den tragenden Weg in der Nacht, von keinem bewundert.
Selig die Lerche, die schwirrend hinan zu euch mit Gesang steigt!
Selig die Schwalbe, die unter den rosigen Blitzen dahin huscht,
Furchtlos vor euch Guten, den regenverschleppenden Mädchen,
Die mit dem langen Gewande die Blüthenbäume bestreifen,
Unter dem Regenbogen einhüllend den schweigenden Wandrer.
Nach euch beugen die Blumen die schmachtenden Häupter mit Sehnsucht,
Fröhliche schon, wenn ihr nur sie mit kühlendem Schatten umdüstert,
Der als schwarzes Gespenst hinwandelt über die Erde
Langsamschwebenden Zugs, ungehört, wie die Göttlichen wandeln.
Alle die Knospen eröffnen ihr Herz euch, schlürfen von euren
Nektartropfen sich Kraft und Duft und Fülle der Schönheit.
Tausend niedliche Kinder des Apfelbaums und des Birnbaums
Liegen des Morgens am Boden, wo nicht ihr des Nachts sie mit Thau tränkt;
Hellgrün lodert der Wald, den im Lenz ihr mit Segen beschüttet,
Und euch weiße nur fürchtet der Saatherr, kommet ihr donnernd,
Redend die Sprache der Götter mit zischender feuriger Zunge.

Dann schlüpft selber das Eichhorn gar furchtsam hinab von der Eiche,
Und die geblendete Gans sie erschrickt und taucht in den Teich ab.
Schüchtern umringen die Kinder ihr Mütterchen. Kleine, du fragst sie:
„Mutter! — Du! — soll ich mich fürchten? — Wenn du's sagst,
fang' ich sogleich an!“
Aber die Täuschende spricht anlächelnd lieb zu der Kleinen:
„Fange noch nicht an, Kind, bis ich sage; dann! — spielet nur,
freut euch.“
Doch auch blaß von dem Krachen, besiehlt sie dem Kinde die Furcht
nicht;
Jene dann, klatschend mit Händchen, erfreun sich der himmlischen
Stimme.
Drauf in der regnenden Nacht, o wie schläft sich da süß im Geträufel!
Süßer dem wonnigen Weib, als einst in der Wiege das Kind schlief,
Ach, wie der nichtige Traum, so vergißt sich die flüchtige Kindheit!
Aber das himmlische Rieseln versteht sie, nun groß und verständig,
Denn jetzt fühlt sie sich Frau und waltende Mutter des Hauses;
Unter dem klingenden Dach froh ruht sie, geschmiegt an den Gatten.
Solche Bezaubrung übt ihr von oben, ihr Wolken, hier unten!
Aber am Morgen da seid ihr hinweg, rein strahlet die Bläue.
Nur von der Linde noch träuft wie gethaut der gehaftete Regen,
Singendhüpfende Finken sie rütteln ihn ab von den Zweigen,
Und von den Rosen nur hängt noch das funkelnde Göttergeschmeide;
Eilend zieht ein Wölkchen nur nach der entwandelten Heerde,
Aber es findet sie nicht! Auch ihr seid, sterblich, vergangen —
Bis ihr wiederum neu aufsteigt aus Schlüften und Thälern,
Auf von der Sonne gezogen, gewiegt vom Vater, dem Winde.
Heilige! Alles vergehet in euch! die getroffene Hütte,
Und die verkohlete Stadt, wie das ausgegossene Wasser,
Welches das Kind im Bad' umfing, das geborne; der Knaben
Spielentrungener Hauch und des tödlich verwundeten Kriegers
Athemzug, der letzte! Zu euch steigt Alles, zum Himmel;

Aber er sendet getreu es den Sterblichen wieder hernieder,
Selber den dürftigen Rauch, der das alte Mütterchen wärmte,
Der ihr vom Heerde geflohn, und sie schöpft ihn am Morgen im
Krüglein.
Ohn' euch, Wolken, o wär' die unendliche Leere, die blaue,
Schön noch? Schmückte der Sonne den Aufgang einer der Götter
Wenn nicht ihr, ihr purpurgeflügelten, flatternden, großen
Sommervögel des Morgens; am Abend aber den Rüstgang
Schmückt ihr mit rosigem Rad' voll goldener Speichen, wie lange
Augen gigantischer Schnecken, bis hoch in den Himmel gestreckt! Wer
Deckte die sterbende Sonne noch zu mit dem friedlichen leichten
Sterbenden Leichentuch? Wer weint' ihr da Thränen wie Perlen?
Wer noch beschiffte die Wüste des Meers gern, starrte verlassen
Ohn' euch, Wolken, der Himmel so wüst ihn an! Aber er sieht euch
Froh aufsteigen, vom Winde gebracht; so geschwinde wie ihr schifft
Droben, so schifft er ja drunten geschwind; so geschwinde ja kehrt er
Heim! Und senkt er, der Seinen gedenk, sein Haupt, o da sieht er
Euch zweimal in der schönen krystallenen offenen Kugel.
Freundliche Wolken, wie ihr mir über die Wiege gezogen,
Ueber die Wiege der Kinder, des Tags, unsichtbar des Nachts auch
Ueber mich Schlafenden, über mich Träumenden, fühllos Umfangnen
Vom holdseligen Weibe, beglückt im gesegneten Hause —
Ziehet, o ziehet so freundlich dereinst auch über mir Todten,
Schlafend im Schooße der Erde! — Dies voraus wissen, ist Freude
Wie sie der Mensch voraus ja bedarf um ruhig zu scheiden;
Denn da weiß er: Ihr zieht ihm getreu auch über das Grab doch,
Siehet er euch auch nicht! Das bedarf er im heiligen Schlaf nicht.
Wolken! O segnet mir Garten und Feld und blumige Wiesen!
Segnet den Weinstock mir, bis dahin, und nach mir den Kindern,
Nimmer belohnt und keinem belohnbar, Schiffe der Götter!

An die Flüsse.

Sei mir gegrüßt, o Fluß, du mit himmelblauem Gewässer,
Bäumebegleiteter, grünumuferter, sonnebeglänzter!
Himmelerzeugter, doch berggeborener, bächegenährter,
Riesige Schlange, die schweigend die kleineren Schlangen sich einschlürft,
Welche dir furchtlos nahn aus Thal und Walde — die Bächlein,
Blumenbesäumt her leise gewallt durch grünende Wiesen.
Sei mir gegrüßt mit des Knaben Gelüst und träumender Wehmuth,
Bleibender unter der Sonne, du Weilender unter den Monden.
Murmelnder ziehest du hin, aufrauscht in der Nacht dir die Woge,
Lockend die Nachtigall in das Gebüsch, daß sie gerne bei dir wohnt,
Denn du erregst ihr die Brust zum klagenden Liebesgesange.
Süß umtönet der Ruf der Schalmei vom Hirten dich Abends,
Wenn er zur Tränke die Schaafe noch treibt mit den trotzigen Widdern,
Mächtigen, göttergehörnten; dann läuten sie, friedlich, zur Hürde.
Dir auch bringt er die Lämmer zur Zeit der ergötzlichen Schaafschur;
Stehend bis an die Kniee im Strom, so wäscht er die Kleinen,
Während der Hund zusieht; heut hat er heiligen Festtag,
Aber am Morgen noch auch; denn reiheweis sitzen die Mägde
Leichtentblößt da im Schatten, ihr Lämmlein jede im Schooße,
Und schau, geht er von einer zur anderen, reichlich gefüttert.
Früh gleich nippen die Vögel von dir sich mit nüspernden Schnabel
Purpurgetränk — dein morgenbehauchetes Rosengewässer!
Dann bis das Abendroth dich hinwiederum rosig beschimmert
Sitzen die Mädchen am Ufer bei dir. Denn sie bleichen das Garn sich,

Bleichen die Leinwand, die sie, von Schnee und Winter gefangen,
Sitzend am traulichen Heerdegeleucht, bei schaurigen Mährchen
Emsig gesponnen zum heimlich und herzlich ersehneten Brautbett;
Züchtig den Gürtel geschürzt einsteigen sie oft in die klare
Sonnengewärmete Fluth; da beschaun sie sich, eh' sie dich schöpfen.
Aber du reizest zum Bade sie ganz, wenn die Sonne gesunken
Und sie die Bleiche im Dämmer gerafft. Einander bewundernd
Stürzen die blühenden Mädchen, sich rasch zu verbergen, in deine
Wellen, und du, du umfängest da Leib und Hüften und Busen,
Kosend mit flüssiger Wonne der Göttinnen menschliche Leiber;
Aber die Wolken bestreuen dein Bett und sie selber mit Rosen!
Nimmer vergessen der Jungfraunlust, noch führt die Vermählte
Wieder im neueren Sommer die eigenen Kinder, die kleinen
Mädchen zum blumigen Ufer dir hin in den Schatten der Erlen,
Jetzo an ihnen sich freuend der einstens genossenen Wonne
Und an den Götterbilden, wie sie einst eines gewesen
Klein und lachend, das Haar auch naß, da sie ganz in den Strom fiel!
Siehe der Vollmond kommt, und da bleibt sie mit ihnen bis Thau näßt.
So auch führete dir mein Weib froh ihre und meine
Kinder zum heiligen Ort, und ich freute mich ihrer und meiner;
Ihrer, der Mutter, und meiner, des kinderbeseligten Mannes.
Einmal — ging sie zuletzt von dir weg mit den singenden Kindern
Arglos, ruhevoll heim — und niemals kehret sie wieder!
Aber du rollest so fort, wie du rolletest deine Gewässer,
Eh' sie zum erstenmale als Kind sich die Zeh' in dir netzte,
Zitternd vor deiner anschauernden Macht, bis du süß sie hineinzogst.
Denn du bewohnest das Land weithin als bleibender Halbgott
Denn, o ihr Flüsse, ihr seid langlebige silberne Schlangen,
Immerlebendig beweglich und da in beständigem Fliehen!
Wie euch rinnende Wandrer der Greis als Knabe gesehn hat,

So einst schaut sein Enkel noch euch als rinnende Wandrer.
Denn, o ihr Flüsse, ihr seid langlebige silberne Schlangen,
Sterblichen, segnend, die nahen, die gegenwärtigen Götter;
Denn kein Andrer tränkte das Roß und labte das Maulthier
Als ihr jetzo allein, ihr mit dem eigenen Ichor!
Fliehet der Winter, da wälzest du Eis und geschmolzenen Schnee ihm
Fort in das Meer, in gedrängt vollströmenden schütternden Ufern.
Kommt der Frühling, so nährest du Blatt und Knospen der Bäume.
Dafür wehen die Winde zum Dank dir die Blüthen in deine
Fluth, wie im Herbst du die sturmentweheten raschelnden Blätter
Ruhig dahinträgst, gleich als wären es Blüthen des Frühlings!
Und nicht spottest du sein, wenn du winterlich scheinest zu brennen,
Feuerlos rauchend zum Wunder des Volks, als dampfender Nebel;
Und nur der Zeisige Schwarm dann singt dir von nährenden Erlen
Während der Wanderer, seltsam erstaunt, auf deinem erstarrten
Spiegel dahineilt, stolz, als hab' er ihn selber gezaubert;
Unter den Füßen da sicher vor ihm jetzt wohnen die Fische.
Denn dich lieben die Kinder: der Aal und der Hecht und der Karpfen
Und unzählige Kressen, der spielenden Knaben und Angler
Lust, die am Ufer verstummt taglang dasitzen und angeln.
Nur um blühende Schoten verläßt dich der Aal; und noch schlüpft er
Wieder im Morgengraun zu dir hin, wie berauscht von der Festnacht.
Alle die andern, getragen von dir, wohl schwimmen am Tage
Mit dir hinab vor Wonne, doch Nachts gehn sorglich sie alle
Wieder hinauf, dein süßes Gewässer ja nicht zu verlieren!
Seife des Wassernixes zum Strand auch wirfst du den Knaben
Aus, sich den schneeigen Leib damit braun zu bemalen im Bade,
Muscheln aber und Steinchen zum Spiel, du Kinderergötzer!
Und wie du schön herstrahlst in der Fackeln rothem Geflacker
—Schöner wie nur in der Mondscheinnacht sanftschimmerndem Silber—
Wenn die Jüngling' im Kahn Nachts leis fischleuchten mit Bränden
Lodernden Kiens in der Hand, und andere halten den Fünfzack

Ueber dem flammenden Grund mit dem schlummernden Lachs in dem
Lager;
Plötzlich erweckt ihn der Tod und plötzlich heißt er ihn sterben.
Aber die Knaben indeß gehn watend krebsen am Ufer;
Und sie ziehn zum Gelächter den Frosch vor unter den Wurzeln;
Also ergötzest du sie und füllst indessen die Reusen!

Seliger Fluß, der du rauschend verwandelte Wolken des Himmels,
Perlenden Thau und die Tropfen des Regenbogens dahinrollst,
Jetzt dir drunten gesammelt im Bett, drin nimmer du schlummerst,
Schmücke du immer das Thal mit dem himmelblauen Gewässer,
Segnend bewohne das Land, unsterbliche Schlange, du gute!
Einst am Lethe noch will ich mit Seligkeit deiner gedenken
Und dich rühmen da drunten den trauernden Schatten zur Wehmuth,
Während droben an deinen Gewässern blühende Jungfraun
Bleichen, und Mütter mit Lust nun den badenden Töchterchen zuschaun!

An die Kinder.

Wonnegerufene Kinder, ihr redenden Rosen der Erde,
Wandelnde Lilien ihr zweifüßigen; singende Bäumchen,
Summende, gleich wie die bienenumsummeten Blumen zu singen
Scheinen, die Bäume zu singen, doch sind es die Vögel im Laubzelt!
Blaset den Himmel nun an mit den heiligen goldenen Flöten
Von der beklopfeten Weide das Rohr, das am Morgen verstummt liegt.
Blaset! der Himmel gehöret nun euch, denn die Seligen seid ihr,
Kinder, so lang' ihr das seid, bis ihr auch dann in sterbliche Menschen
Schwindet, lebendig in uns mühselige Dulder gestorben.
Brechet die Blumen! bekränzet euch schön, denn die Erde gehört euch,
Wenn sie dem Frohen gehört, nicht dem, der das Grab dann erkannt hat.
Wohl ein Weilchen schaut ihr hinab in die schimmernde Grube,
Welche die Sonne erhellt — drauf springt ihr singend vom Wunder
Weg in den seligen Tag, in die kommenden Jahre vom Himmel;
Doch die Erwachsenen schleichen gebückt, lautweinend davon heim
Nicht in die Zukunft mehr, in die graue Vergangenheit kehrend.
Spielet! nur Spiel ist das Leben, beschützt von den liebenden Aeltern;
Spielet es hold euch vor als heitere Freude des Herzens,
Daß es dereinst, von der Sonne gedrückt, euch wieder nur Spiel dünkt,
Wie jetzt, da ihr die Amsel begrabt, oft, jeglichen Abend,
Die ihr Lied euch sang, von den kosenden Mädchen gefüttert;

Jetzt nun schweigt sie, doch ihr singt lachend Trauergesänge
Weitaufssperrend den Mund, nachahmend den Meister der Schule.
Spielet! daß göttliches Spiel euch dünkt, wenn der Vater gealtert
Sitzt mit dem silbernen Bart in der Götter uralter Verkleidung.
Oder, daß Spiel euch dünkt, wenn der Bruder hinaus in die See fuhr
Aber zurück nicht kehrt — wie ihr Abends einzeln vom Spiel schleicht,
Andern vergeblich erwartet, bis einsam auch sie nach Haus gehn;
Morgen ja finden sie wieder die Schaar der versammelten Knaben!
Aber sie kommt nicht ewig zurück! — denn an einem der Morgen
Fehlt jetzt dieser; am andern der Andre, weise vom Vater
An sein Tagwerk, traurig, gestellt. Der lehret ihn Netze
Stricken; der Rüstige zieht mit den bellenden Hunden zu Walde;
Jener, er hütet die Lämmer; der, pflügt und lernet die Saat streun,
Und leer stünde der grüne, der kühligbeschattete Spielplatz,
Schickten im neueren Lenz nicht neueste Kleine die Mütter,
Denen den Ball sie gemacht, ausstattend wonnig ihr Knäbchen.
Spielet! daß Spiel euch dünkt, wenn ihr groß die erwachsene Jungfrau
Heimführt ernstlich zum Weib, die unlängst euch kindische Braut war.
Kann sie nun selbst nicht mehr ein Kind sein, wählt sie das Süß'ste:
Kinder zu tragen, zu haben, sie selbst ehrwürdig der Mutter
Gleich, die sie herzlich verehrt wie der himmlischen Göttinnen höchste.
Darum nahm sie den Mann; und erröthend sah in den Schooß sie,
Als sie der blühende Jüngling bat: „Ach, dein nur begehr' ich —
Willst du die Mutter mir sein, die mir nimmervergeßlich dahinsank?
Willst du die Mutter der Kinder uns sein, wie wir beid' es den Aeltern
Waren? Oh! Schöner ist nichts als Kind sein! Mutter der Kinder
Sein und Vater, das bleibt uns drauf noch zu unsrer Erinnrung!"
Also fleht er. Da hebt sich der Busen ihr, voll zum Ersticken;
Fließen ihr Thränen vom Auge — doch bebend reicht sie die Hand ihm,
Sie, das begabte Gebild, das begötterte, mehr wie der Himmel

Selbst und die bildende Kraft, wovon Erd' und Berge nur schüttern!
Jugend, oberster Rang, halbgöttlicher! himmlischer Stand du,
Jugend, einziger Reichthum du an dem Schatze des Lebens:
An viel kommenden Jahren, am fröhlich genießenden Leibe,
Gleich dem berauschenden Becher, dem Nektarschöpfer der Hebe!
Jung stets schön und liebend, nur das macht Götter zu Göttern;
Alt bald grau und kalt, nur das macht sterbliche Menschen.
Jugendselige Gatten was, außer sich, wünschten sie Theurers?
Welch ein köstliches Lager erdachtest du, Zeus, den geliebten
Männern allen für immer, da schön du die weibliche Brust schufst!
Hättest du nicht es erdacht, so verzeih' doch dem sinkenden Haupte,
Daß es der Stätte sich freut, die der heilige Brunnen dem Kind wird;
Mehr ja gehöret die Mutter dem Kind als selber dem Manne.
Denn die Mutter gehöret dem Kind wie der Traube der Weinstock
Und wie der Acker der Saat, wie das Nest den noch nacketen Jungen.
Selige Mütter! O seid die gesegneten Himmelsgenossen,
Einzigbegnügt mit dem Kind und einzigerfreuend das Kind auch.
Euch an der Brust, hinwandelt' es froh zu den Schatten! Mit ihm froh
Sprängt ihr aus brennendem Haus'; aus der brennenden Welt noch mit ihm froh!
Seliges Kind, o du einzigbeneidenswerthes, du einzig
Glückliches! Trauernden selbst noch erquickender Trost, noch das Lächeln
Schlummernder Mutter, der nichts sich vergleicht, da sie dich sich geboren
In der gestirneten Nacht, und die Sonne am Morgen sie anscheint,
Sie, süßwimmernd vor Lust, und dich, ihr Kind, ihr am Busen;
Götter da fehlen im Himmel; der Tod da fehlet der Erde!
Kinder, ihr wärt mir selbst die beneideten, wär ich dereinst nicht
Auch ein Kind und sendet' ich nicht mit dem glücklichen Weibe
Fröhliche Kinder hinaus an den Tag und die Sonne, zu spielen,
Wiederum Kinder zu sein und wiederum Kinder zu haben

Und noch sterbend zu lächeln, wie ich mit der Mutter nur lächle,
Wenn von der grünenden Erd' und dem Spiel uns der Vater nach
Haus ruft.
Spielt, unsterbliche Kinder, so fort, ihr Seligen einzig;
Kommt am Morgen, ihr Kleinen, die Innebehaltnen ergänzend;
Blaset in jeglichem Frühling den Himmel an, eueren Vater;
Kinderlos, lebt' er umsonst; und gattinlos lebt' er erbärmlich!
Darum verwandelt er froh sich in liebende Kinder und Aeltern.

Mütter, die Kinder nur hätt ich gefeiert? Aber wer Kinder
Preiset, der preiset die Mütter! der preist nur die göttlichen Frauen!
Ehrt denn, ihr Frauen, den Frauengesang, den mir vortheillosen,
Eine von euch hat reich mich belohnt, in voraus mich beseligt,
Also beseligt ihr andre, den eigenen Gatten die eigne!

An die bahnenden Götter.

Schwebe sofort, mein Schiffchen, wohin auf bahnlosem Meere
Himmlischer Liebeshauch, dein Segel dir schwellend, dich steuert.
Hoch, mein Herz, hoch schlage mir voll von Erwartung der Dinge!
Denn unzähligen Reichthum bewahrt und spendet der Himmel,
Doch mit bestimmendem Sinn dir verbittre die selige Fahrt nicht;
Nimmerbefangen, Gemüth! Du ergeh', mein Auge, dich freundlich
Kindischentzückt in der Fülle umher! Denn wie lieblich ist alles!
Jedes ein göttliches Werk voll Segen und reizender Schönheit.
Aber versäume du nichts! ja nur Einmal schiffst du die weite
Einzige Bahn! Wie bekannt gleich wonnig begrüße was vorschwimmt —
Das war recht nur zu hoffen, was dir von den Göttern gewährt ward;
Und sanft lasse du ziehen, was von dir schwebend hinabtaucht —
Jenseit über dem Meer' auch haben die Götter zu sorgen,
Was dir floh, o das senken in selige Arme sie Andern.
Und dies wissen ist herrlich! Wer möchte nur selig allein sein?
Glücklicher bin ich, weiß ich um mich nur Glückliche ringsher.
Komm' ich zu euch, glückselige Inseln — ein Liebling der Götter,
Wessen bedarf ein Glücklicher noch! Sein Herz kann alles,
Laune ist Weisheit ihm, Macht waltender Götter ist seine
That! doch den weisesten Rath des Unglücklichen — leicht in die Winde

Wehn sie die Thorheit; ihm fehlt zu allem der Götter Bewaltung.
Laß dir keinen Unglücklichen rathen! denn nur wer da glücklich
Ist, hat Götterverstand, sein Herz fühlt sicher die Zukunft.
Thürmten sich Klippen der Fahrt, und strandete — Nein, davon weiß ich
Nichts. Wer den Göttern vertraut, den belebete göttliche Kraft schon.
Aber mit schönem Gemüth schön bild' auch du dir die Leiden:
Süße, des Glücklichsten auch: die zurückegelassene Ferne —
Wolkenverschattungs-Kühl — und die schweigende Eile der Sonne!
Schwebe so fort, mein Schiffchen, wohin auf bahnlosem Meere,
Himmlischer Liebeshauch, dein Segel dir schwellend dich steuert!

An die Grazien.

Euch, ihr Grazien, hat kein Lied noch, wüßt' ich, erhoben,
Wenn der Gott selbst euch ja bedarf und göttliche nennet.
Schön war, schön Aphrodite, doch hold ihr, sahe Kronion
Was ihr noch abging, und er schenkte ihr den Gürtel der Anmuth.
Ihr schafft Erdgeborene selbst Unsterblichen ähnlich,
Grazien, und der Gott wird gleich dem lieblichen Menschen.
Ab legt Zeus die Blitze, will er im Olympe gefallen,
Hinket' Hephästos nicht, o wie wäre doch Hebe so gut ihm!
Reiche stellet ihr gleich dem Armen und Arme dem Reichen,
Stets hold gleichet ihr aus, was Ilithyia fehlte.
Um des Fehlers Reiz wird erst die Geliebte so theuer,
Siehe, die Lieb' erkennt daran erst das einzig Ihre.
Wer Unglück sanft trägt, wird schöner; im Auge die Thräne,
Reiner Wangen Blaß und schmerzliche Lippe gefallen.
Selbst dem muntren Greise gewähret ihr einige Jugend;
Lächelnd locket ihr ihm schon früh sein silbernes Haar auf;
Mit dem Kranze bekränzt, den ihr in die Schläfe ihm eindrückt,
Schwebt der Todte so wie der stille geladene Gast hin.
Also seid ihr Göttlichen es, die, der Erde nur lächelnd,
Alle Geschick' ausgleichen, allein mit seliger Anmuth. —

Doch euch lebt ein Sinn, ein tiefer, reiner im Innern!
Das Vollendete nur, im Geist Urschöne ja kann erst
Das Anmuthige sein, erst schön, wie die Seel' es in ihm ist.
Euern Reihn zu schweben, o Grazien, heiter im Antlitz,
Gebt mir sichre beständige Kraft erst, freiere Haltung,

Schaffe Athene mir hell den Geist, und kundiges Auge
Ueber Himmlisches helle zugleich und Irdisches. Hermes
Lehre mich erst getrost zur dunkeln Ferne zu schauen
Und am Grabe, geweiht, ihm ruhige Tänze zu ziehen!
Kybele schmücke die Hütte mir auch, und deute sie hold mir
Wo ich ruhe, wenn nach der Rast ich dann müder erathme.
Zeigt dann Eros mir stille: die Götter wandeln im Menschen,
Nah' im Bettler, in euch mir nahe, schöne Gestalten,
Ganz im Menschlichen erst das Göttliche recht zu besitzen,
Leben rein in Kunst zu begehen, gleich Demiurgos;
Flößte die ein' oder andere Muse mir heilige Schönheit
Noch in's Herz, und löste die Lippen mir auf wie die Rose;
Bin ich fromm und sanft, doch rasch zur Freude wie Kinder,
Komm' ich, erhebe das Auge cyanenhelle zu euch auf —
Dann, ihr Grazien, bin ich euch erst ein würdiger Zögling!
Eure vollendete Kunst da beginnt ihr und endet an mir dann.

Aspasia im Parthenon.

Große beseligte Mutter der Göttinnen all', und der Götter
All', wie der sterblichen Fraun und Männer, und meine,
Sei mir gegrüßt aus Herzen und Mund! Denn ich nahe dir weihend
Und Aspasia heißend, sei ich willkommen dir, wieder
Freundlichbegrüßt und gernegesehn, die ich knieend dich ehre,
Immerverehrt und göttlichgeliebt wie in Worten, in Werken.

Wie aus reinestem Schnee geschneit vom azurenen Himmel,
Hell mit dem Gold der Gestirne geschmückt, wie du vor mir so groß
stehst,
Mutter! doch hier nur als immererneuete ewige Jungfrau!
Jungfrau bist du ja auch, so wie kinderumwimmelte Mutter.
Dir nur flüst'r ich es zu: Ich, ich nur ersann dir das Haus hier!
Denn mir träumte von dir, und von dir nur redet' ich wachend;
In dir leb' ich, wie du in mir, das verschwiegene Weib, lebst:
Gleich wie der Stahl im Speer, wie das Gold im Gürtelsch[illegible] des
Busens,
Gleich wie der Marmor lebt in der Göttin, so lebst du im Weibe
Sichtbar, Thoren nur täuschend in menschlichredenden Menschen.
Thue mir Himmlisches kund von dir, du vom Meister Empfangne,
Geistesgeborne, die keusch aus ihm sich selber geboren.
Zwischen den Marmorsäulen, hier unter den Architraven,
Unter den Götterbilden am Fries, die dir Kinder gemeißelt,
Wandl' ich nur wieder im Traume von dir. — Wie der Traum mir
erfüllt prangt!

O wie er strahlt und lebt! O wie Gold und Marmor ihn wahr strotzt!
Wie dir die Erde den Fels, wie der Fels den erhabenen Bau trägt,
Wie ihn die Sonne bescheint, und die Himmelsbläue ihn anlacht!

Höre mich nun! (Denn vermein' ich: „Du hörst mich," da fühl' ich mich treulich
Liebendumarmt von dir, als stünd' ich dir froh auf dem Schooße,
Als dein Kind, und du, du bist mir die freundliche Mutter):
Glückliche macht' ich wie viel' und wie hoch! Unglückliche macht' ich
Auch nicht Einen! Ich war für tausend Mühen des Lebens
Ihnen der Lohn und Preis; wie dem Sieger der Kranz an dem Bett hängt,
Nimmervergeßlich: erblickt er ihn nur, durchzuckt es ihn wonnig.
Nie so beten die Menschen: vor Unglück sie zu bewahren,
Als sie das Glück sich erflehn; denn nicht zu Vermeidung des Unheils
Sind wir geboren; allein zu der seligen Gaben Empfahung.
Niemals sah ich so Heißinbrünstige liegen und flehen —
Selber vor Zeus nicht, oder der goldenen Aphrodite —
Als manch herrlicher Mann in der Jugend Glanz und Schönheit
Flehend vor mir lag, überbeglückt mir die Knie zu umschlingen;
Selber von Kypris zu mir, ach, kamen sie. Kypris nur hatten
Heiß nur um mich sie gefleht durch Weihegeschenk und Gelöbniß!
Selber die Göttin, sie sandte zu mir sie, zu mir, und am Morgen
Opferten freudigen Herzens den Dank sie für mich ihr, für mich nur.
O, wie war mir zu Sinn! Wer mußt' ich da glauben zu sein? — dein
Werk, allselige Mutter, du Selige selbst in dem Weibe,
Himmlische Luft einathmend und sanft auf blumigem Teppich
Wandelnd, vom Aether beglänzt, von der leuchtenden Sonne bewundert,
Wie von den Augen der Kinder und ernst stehnbleibenden Alten!
Sinnend schüttelten dann sie das Haupt und schlichen gebückt hin;
Aber ich stärkte sie ganz durch holdanlächelnde Schönheit.

Jetzo wandl' ich bejahrt, zur Jungfrau wieder geworden,
Aber zur alten, der stillabblühenden, keinem zur Freude.
Darum fleh' ich dir fromm und wonnegesättigten Herzens:
Nimm die geträumete Seele zurück in die Meere der Wonne,
Hauche den Hauch mit umher in das Säuseln um die Gestirne!
Mische den heiligen Staub vom verblüheten Menschengebilde,
Den mir geliehenen, wieder zum quillenden Staub! O vergiß nicht
Meiner geruheten Asche! o web' in dem ewigen Frühling
Wieder um Krokus sie, um Hyazinth' — und niedliche kleine
Jüngferchen, wie du den Müttern sie legst in die langenden Arme.
Aber was bitt' ich dich erst! Du erfüllst aus dir ja mir alles;
Eh' ich die Liebe gefühlt, schon bildetest Du mich der Liebe
Von dir voll, als Dich! denn sie priesen von mir in Eleusis:
„Ich sei Du," in der Weibesgestalt, der umarmbaren, holden
Froh an den Busen zu drückenden Kraft und Fülle! — Du seist Ich" —
Wie du da oben der Mond und die Sonn' und die schönen Gestirne
Bist, und hie unten die Erd' und der Mensch und die wimmelnden Blumen.
Und das glaubt' ich der Knaben Bewundrung, glaubt' es den süßen
Lippen, den klopfenden Herzen der mich auschauenden Männer,
Und noch glaub' ich es heut! Ich bedurft' es zu glauben, ach, einst nicht
Da nur Wonne die Seele mir trug, wie die Flügel den Adler,
Wie ich es jetzo bedarf zum Verschweben im flammenden Aether.

Sieh, zum Ersatze von mir bring' ich drei Töchter dir, weihend,
Grazienschöne, die schon mir der Freund, der Verständigste aller,
Reizend zu Grazien schuf. So ersetztest du meine Gestalt dir —
Liebend so sorgt' ich. Nur Sorge der Lieb' ist den Sterblichen göttlich!
Willst du dann noch, o so laß auch meinen gefeierten Namen
Mit in die Tage hinaus zu den Künftigerwachenden schweben,

Daß sie erkennen, wie herrlich du warst in vergangenen Jahren,
Gleich wie um sie du noch lebst, o du unaustilgliche Mutter,
Selbst bei Thoren, ja wenn sie dereinst auch „Vater" dich nennten,
Wie schon Vater Homeros den Zeus einst: „himmlischen Vater."
Auch ein Namen ist schön, denn er nennt unsterbliches hohes
Wesen von dir nur allein, du gewaltige Mutter der Götter!
Wohl kein sterbliches Weib, kein Mann je brächt' es noch höher
Als du selber zu sein, als du doch gewesen zu scheinen!
Und du selber vermagst auch nie es noch höher zu bringen
Als solch' schöne Gebilde zu sein (auch wenn sie vergehen):
Alle sie froh auf immer zu sein, in unendlichen Tagen,
Von dir liebegefüllt und geliebt, und sich liebend wie du liebst.

Lebe nun wohl auf immer, so wohl wie ich lebte mit Jauchzen!
Bebend staun' ich dich an, wenn ich mein' nur gedenke, der sel'gen;
Deiner gedenk' ich mit Staunen, du immerbeseligte Mutter,
Immer beseligtes Weib, und immerbeseligte Jungfrau!
O, wenn ich deiner gedenke, gedenk' ich der Götter und Menschen
Aller, so viele nun sind, und einst noch den Himmel bewohnen.
Leise verschwebt mir die Seele in dir! Hier segne die Töchter!

An die Göttin der Liebe.

Sage mir, Göttin, was thu' ich? entscheide mich, gieb du den Ausschlag!
Keines von unseren Göttern und Göttinnen kümmert sich je um
Schönheit, Herz und Liebe! — da frag' ich, Beratherin, dich an,
Die du dem Leben die Reize gewährst und Wonne zur Freude.

Sage mir, Göttin, was thu' ich? entscheide mich, gieb du den Ausschlag:
Seh' ich der Jungfraun Schaar lustwandelnd, eine die andre
Reizendumschlungen — befallen wie Feuersfunken der Augen
Blicke mich; seh' ich mit an, wie sie Busen an Busen sich drücken,
Lipp' auf Lippe zum Abschiedskuß, „gutnacht" sich noch rufend —
Alle, sie Alle da führt' ich zum Weibe mir heim, in der Nacht noch!
Draußen, erbarmungslos, nicht ließ ich nur Eine betrübt stehn!
Und nun schiene mir wohl wie dem Zeus in olympischem Schlafsaal.

Aber verschlief ich den Rausch in den Adern, wandl' ich am Morgen
Nüchtern wieder, vom Hafen die Stadt durch — seh' ich die alten
Weiber mir alle begegnen, die einst auch jungen und süßen,
Jetzt die verachteten, finstern, verlassenen; — seh' ich die Männer
Finster, mit bösem Gesicht zum Markt hineilen vom Haus fort;
Hör' ich die Frau, die ihm nachruft und hör' ich es, was sie ihm nachruft,
Seh' ich die Frau selbst an, die gealterte, einstens so schöne,
Seh' ich die Schwieger dann alt, die den Kindern zausend das Haar kämmt,

Seh' ich die Tochter, die Schmuckste von gestern, das Röckchen sich
flicken;
Hör' ich in diesem Gehöfte den Lärm, da in jenem den Streit wach,
Dringt in das eine die Noth, und schlüpft in das andre die Untreu
Schleicht aus diesem die Sorg' und schreit aus jenem das Unglück —
Ach, da tragen sie todt den gestorbenen „Vater" dem Weib hin
Und fünf Kinderchen folgen verweineter Augen dem Sarg nach; —
Keine, die Reichste, die Schönste sogar nicht, möcht' ich zum Weib' je —
Bis ich ihr wieder begegne, der Günstigen, Einen, zu Abend!
Abend, thörichte Zeit! Blieb' immer es Morgen, o Tag nur!
Flieh' ich zum Walde – Wo bin ich da nicht, wo entflieh' ich der
Sehnsucht?

Sage mir, Göttin, was thu' ich? entscheide mich, gieb du den Ausschlag!

An die heilige Frühe.

Heilige Frühe mit deinem Juwel, der am Himmel daherstrahlt,
Und mit dem Stirnband, weiß wie gemolkene Milch in dem Eimer,
Schönere du wie die Nacht und die trauliche Abenddämmrung
Lieb' ich dich mehr, die Unaussprechliche, Zauberumwobne
Allen, so viele dich schon in betroffener Seele bestaunten!
Du bist schweigend die Schönste, das Wunder der Götter und Menschen.
Wen du, Sanfte, umfängst, der begehrt nicht Sonne noch Mond je.
O wie so leis, wie so selig beginnst du den Tag, du Verschwiegne,
Wie ihn die Braut in den Armen beginnt des noch schlafenden
Bräut'gams;
Wonnig beschaut sie den Gatten: Haar, Stirn, Wangen und
Lippen,
Aber zumeist sein Lächeln, den Nachtraum wonniger Nachtruh.
Schweigend setzt sie sich auf; dann legt sie die Hand auf das Herz ihm,
Ach, und es schlägt, und er lebt! und sie lehnt auf die Stirn ihm
die Stirn leis.
Also bewachst du der Erde geheimnißvolles Erwachen,
Sill wie dem Küchlein im Eie das Leben, erweckst du den Tag ihr.
Silbern glitzert das Meer aus Nebeln. Nächtliche Fischer
Rudern zu Strand; sie verlöschen die Fackeln. Rings die Gestirne
Lässest du sanft zerschmelzen in himmlischen Duft. In dem Thale
Drunten bekränzen sie jetzt ein Haus, wo die wimmernde Mutter
Unter des Morgensternes Gestrahl ein Knäbchen geboren,
Und froh eilen die Fischer hinein zu dem freundlichen Lichte
Blaß nur scheinend in's dampfende Thal bei'm Rufe des Haushahns,
Welcher den heiligen Tag auskräht als göttlicher Herold.

Fischlein springen herauf aus dem Fluß in den dämmernden Morgen,
Furchtsam flieht aus dem Felde das Reh in den bergenden Wald heim;
Hier, in den Saaten erwacht, leis pipen die Kinder der Wachtel
Und viel sagt sie den Kleinen vom kommenden Tage zum Trost vor;
Auch ein Wanderer, dem sich der Weg weit dehnet zum Gastfreund,
Tritt dort munter heraus und vor ihm bellet der Hund her.
Niemand schauet ihm nach, süß schlafen noch alle die Seinen;
Frühschlaf ist ja so süß, ist der süßeste, nicht nur den Kindern,
Auch dem ermüdeten Weibe, wie hochzeitträumenden Jungfraun,
Die in den Freudensorgen noch stehn, nur sorgend um Freude.
Leis weg schweben die Träum', als Nebelgestalten, der Nacht nach.
Nässend fühl ich den Thau in den Locken, den du nun herabträufst,
Auch allmählig erblaßte der Morgenstern in Gewölken;
Purpurn flammet der Gürtel der seligen Erde zu Gluth auf,
Safranschimmernd zuvor, jetzt purpurn glimmet das Berghaupt —
Heilige Frühe mit deinem Juwel, du erschreckst mir die Seele,
Ach, du stirbst, du stirbst — wie die Himmlischen sterben — bis morgen!
Heimlich zergehst du im Aether, in Glanz und Schein dich verbergend.
Heilige, gieb mir den Tag so schön, wie du schön ihn zu ahnen
Jetzo mir gabst! O laß mich die wachenden Sterblichen, laß mich
Jegliches Kind, jed' Wort, und jegliche Blume so heilig
Unter der Sonne Geleucht in dem lärmenden Tage empfinden,
Wie du jetzt sie mir gabst, da du mir im entschleierten Himmel
Sie, als Selige, selig gezeigt, du Verklärerin aller;
Gieb auch ihnen den Tag so zauberischschön und so friedvoll!

Heilige Frühe mit deinem Juwel, o verschwinde mir ganz nicht,
Kehre mir morgen zurück! Dann, leb' ich noch, kann ich dich neu schaun!
Du kehrst alle die Morgen zurück; auch über die Gräber
Aller Gestorbnen, auch über das meinige, heilige Frühe;
Aber so lang' ich dich schaue, gedenk' ich noch dein im Gesange!

An den Schlaf.

Bildet zu viel euch nicht auf Pracht und Schöne der Welt ein,
Götter! denn einer besiegt euch wonnegewaltig — des Todes
Bruder, der Schlaf, der von euch nicht weiß, euch nimmer gesehn hat,
Nimmer die Sonne geschaut, noch die blühende Erde, der Blinde!
Nie ein blühendes Weib, noch in nacketer Schöne den Tag je!
Denn stets lebt er in stiller, geheiligt schweigender Nacht hin;
Selbst die Gestirne verschmäht er; er hob kein Auge noch je auf,
Euere Lampen da droben zu sehn; ihm thäte die Zeit leid,
Denn ihm brennen im Saale sie nur, daß er sicher die Nacht ruh'.
Weisester Gott, o Schlaf, du Seliger aller im Himmel,
Aller der Sterblichen! Keiner wo kann und möchte gewillt je
Ohne dich süßesten Gott des vergänglichen Lebens genießen,
Denn ihm würd' es zur Pein; denn den ringsumwaltenden Tod schaun
Hauchet mit ahnender Furcht sie an, daß sie augenverschließend
Lieber hinweg sich träumen, entzückt durch himmlisches Wohlsein
Wie viel Selige schafftest du schon, und schaffst sie noch künftig,
Du allgegenwärtiger Gott, du Gewärtiger aller,
Aber der Nächste dem Müden, dem holdunschuldigen Kinde!
Alles verschläft ja der Mensch. Nichts dünkt, wenn er schläft, ein Leid ihm;
Fort vom Schlafenden schleichet der Schmerz, stumm weichet die Klage,
Weicht von dem unnahbaren, dem heiligen Schläfer die Sorge;
Selbst der gestorbenen Lieben vergaß er — da lächelt er, schlafend

Ihm darf einzig der Traum annahn mit den Zaubergebilden,
Wo das beschluchzete Grab als lieblicher grüner Smaragd glänzt,
Wo er dem Tode sogar — wie dem Jugendfreunde die Hand reicht.
Alles verschläft ja der Mensch. Drum sinkt er getrost in den Arm dir.
Wie viel Nächte verschläft ein neulichvermählter Mann selbst
Sein schönblühendes Weib dicht neben sich — doch er verschläft es.
Auch sein liebendes Weib, es verschläft den ersehneten Gatten,
Beide verschlafen die Liebe sogar, durch Süßres gefesselt.
Selber die Mutter verschläft ihr Kind; ja, sie hat es vergessen.
Und der für immer Entschlafene verschläft Welt, Götter und Menschen,
Bett, Schlafkammer, und Haus und Born und Rosen im Garten
Berg, und Bäum' und Wolken mit Mond und leuchtender Sonne.

Rühmet der Welt Schönheit und Pracht und Fülle des Reizes
Nicht zu sehr uns, Götter! Ihr sterblichen Erdebewohner,
Rühmet zu hoch nicht selber die Götter! Denn Einer ist höher
Seliger Einer, ja einzig beseligt. Bruder des Friedens,
Bruder der lächelnden Schwester, der Ruh', die dich immer begleitet,
Das bist du, o Schlaf! Und o, wie so edel du wohlthust:
Denn nichtwissend von dir, wie du segnest, nimmer vernimmst du
Oder begehrest du Dank vom Schlafenden. Denn vom Erwachten
Flohest du weit. Und nimmer vernimmst du des Dankenden Nachruf,
Welcher zu Morgengebet ihm wird an die niederen Götter,
Götter des Tags, des nur sorgebeladenen, arbeitvollen.
Denn dem Lebendigen kannst du die Seligkeit halb nur gewähren,
Süß nur die Nacht zu verschlafen; doch wann dein Bruder der Tod, ihm
Nahte, gewährst du den Tag und die Tag' ihm auch zu verschlafen,
Sanft zu verschlafen der Herbste Gestürm und jeglichen Frühling,
Fest zu verschlafen die Erde, den Mond sammt allen Gestirnen,
Stets zu verschlafen die Götter, die Welt, auf ewige Dauer,
Selber den Tod zu verschlafen, die leisesten Träum' — und sich selber.
Ihr drei Brüder, ihr seid Drei=Eins, nur verschiedenen Namens:

Schlaf, der Lebendigen Tod; und Tod, der Gestorbenen Schlaf nur;
Aber der Frieden gesellt sich zu euch mit der Schwester, der Ruhe.
Darum bist du der höchste der Götter, der Heilige; bist du
Allen die Seligkeit, das unmerkliche Spüren der Wonne,
Bist du der oberste Gott, denn du schläfst — und der oberste Gott
schläft!

Sei, allindernder Schlaf, mir Leidenden stets barmherzig,
Sei mir Erheiterten, still Glückseligen, fürder noch gnädig,
Wende dich nicht von mir ab, der des Alters Schwelle sich annaht,
Komme zu mir, wenn ich krank bin, nachts, komm' selber am Tag'
dann!
Diesen Gesang vorbete der Priester mir, wenn ich entschlummre,
Und er bleibe bei mir, wenn sie todt mich im Sarge gebettet!
Keinen verlang' ich wie dich, durch dich vollkommen beseligt.

Dafür sing' ich den Menschen im Feiergesange dich rühmend,
Preis' ich den Frieden, den Tod und die Ruh', euch treue Geschwister!

An den Tod.

Sende mir freundliche Boten, o Tod; denn ich kenne sie, ehrend!
Dafür lehr' ich den Menschen, sie gleich so zu kennen, zu ehren;
Dann willkommen, ja lieb auch sind sie ihm, wie sie es mir sind,
Und du Gefürchteter wirst zu der Sterblichen himmlischem Freunde.
Also besing' ich am besten dich, wenn ich den Menschen die Boten
Nenn' und zeige, damit sie wie ihre Geliebten dich lieben,
Wenn auch weinend vor süßem Betrug. Denn nun sollen die Boten
Bleiben, die herrlichen, aber du sollst nicht kommen, du Guter,
Sämmtlicher Götter der höchste von Macht, stark alle besiegend,
Denn dir dienen sie alle! Denn dir nur scheinet die Sonne,
Dir nur wandeln die Stern', und dir nur blühet die Erde —
Wenn wir so glaubten! Du bist nichts, nach dem genossenen Leben!
Nichts, wenn die Rose geblüht und nichts, wenn die Haare
gebleicht sind!
Darum sing' ich gelassen dem seligen Menschengeschlecht dich:
Lieblicher Boten bedient sich der Tod, sie dem Menschen zu senden
Daß er ihn zeitig ermahn': Ich komme dir, komme gewiß dir.
Aber der Mensch, er erkennet sie nicht, da sie gar so vertraulich,
Selberbegehrt ihm nahen, in unkennbarer Verkleidung.
Nichts auch wissen die Boten, woher und warum sie gesandt sind;
Darum täuschen sie ihn und sind willkommen ihm alle,
Trauliche Gäst' und Freunde vom Haus und liebe Genossen!
Anfangs sendet er ihm in Gestalt der bewunderten Jungfrau,
Die er zum Weib' ihm läßt, die geliebteste, sicherste Botin.

Aber der Jungfrau sendet er selbst den ersehneten Jüngling,
Ihr ein Bote des Todes, der süß ihr das Leben verkürzet
Als sein treuer Gehülf', umarmt von dem ahnlosen Weibe!
Drauf als kleinen Propheten: „dereinst von der Erde zu scheiden"
Sendet er ihnen zu Nacht ein freudigbegrüßetes Kindlein
Als stets sichtlichen Boten, den wachsenden, immer vor Augen
Beiden, der beid' anlacht, erst stumm, dann krähend vor Wonne!
Groß als Boten im Garten, erzieht er den tragenden Fruchtbaum.
Groß auch schickt er den Sohn, aus der Fremde mit Thränen begrüßt, heim
Aber sie kennen ihn nicht als mahnenden Boten des Todes;
Kennen das silberne Haar um den Schlaf nicht, kaum aufseufzend.
Lenz auf Lenz auch sendet er leis in den Händen mit Blüthen —
Wär' ein Bote des Todes der Duftige? Jeglichen Herbst auch
Schickt er den Abendstern, vom Berg' ihm golden zu strahlen —
Wär' ein Bote des Todes der Herrliche? Jeglichen Lenz auch
Schickt er den Morgenstern, vom Gewölk' ihm golden zu blinken —
Wär' ein Bote des Todes der Freudige? Keiner von allen
Scheint es, doch Jeglicher war es: der Vollmond selber, der sichtbar
Ihm abnahm, und als Sichel verschwand; die verfinsterte Sonne
War es, die ängstlich am Himmel verlosch. Als äußerster Bote
Kam, ihm vom Tode gesendet, die Enkelin, die zum Geburtstag,
Nun zu dem achtzigsten schon, Urenkel mit Kränzen dahinführt.
Sieh', da erschrickt er denn doch, schaut ernst in die Rosengesichtchen,
Und in den Sessel gesunken, erstarrt er, erkennt er sie alle,
All' als Boten des Todes. Da segnet er, preisend, das Schicksal:
„Heiliger Tod! O du warst ja das Leben mir! Alle die Boten
Waren mir hold nur getreue Lebendige! schmückten mir himmlisch
Haus und Bett, und Wieg' und Jahr und Jugend und Alter;
Schmückten die Seele mir, füllten sie ganz mit dem wandelnden Himmel;
Von des Vergänglichen Kraft und Schönheit lebt' ich so köstlich

Nur. Mit den göttlichen Dingen verging ich nur selber; und mit mir,
Um mich, und in mir vergingen die Himmlischen selbst. Ich begehre
Niemals besser zu sein wie die Sonn' und der Mond und die Sterne,
Und wie die Himmlischen alle, die hold zu mir niedergestiegen,
Oder wie selber der Geist des beseligten Alls, der vergänglich,
Immervergängliches schauend, nur lebt, mit unendlichem Reize.
Waltend vergehn ist Leben; und nun ich vergehe — so lebt' ich!" —
Also spricht er und stirbt. Da drückt sein Freund ihm die Augen
Zu, doch der Freund ist der Tod, und der Tod ist der Gott, der
ihn segnet.

Sende mir liebliche Boten, o Tod; ja sende sie alle!
Lasse du keinen mir aus — dann bist du mir selber gekommen
Wie kein anderer Gott uns käm' als Wonnebeschütter.
Heil mir Seligen! — Sei dir gelobt: dein fromm zu vergessen!

Dithyramben.

Die erwählte Schwester.

Eine Göttin lieb' ich,
Der unglückseligen Menschen
Erste und letzte.

Ich nenne dich keinem,
Denn jeglichen nimmst du
Vom Schooße der Mutter
Schon auf die Arme,
Singest ihm vor
Schmeichelnde Wiegenlieder,
Zeigest ihm in der Himmelsbläue
Gespiegelt sein eigenes Bildniß,
Abwärts alle Wege
Mit frischen Blumen bestreut,
Die du ihn führen willst,
Die du ihm geben willst
Alle Reiche der Herrlichkeit!

Selbst dem schlummernden Bettler,
Ruhend mit dem Haupt auf dem Steine,
Malst du in duftiger Ferne
Mit deinem Stab' eine Hütte:
Drinnen, am leuchtenden Heerde,

Steht ihm ein Weib geschäftig,
Und ihm Kehrenden, Müden
Von des Tages Arbeit,
Schlingen sich um die Kniee
Hold auflangende Wesen.
In goldenen Wolken ruhet die Zukunft
Mir noch verhüllt; mit Kindessinn
Alles noch darf ich fordern,
Allem weinend die Hände breiten.
O Glück, o Wonne! wohin ich nur schaue,
Wie groß, wie köstlich um mich die Welt!
Und die junge klopfende Brust
Ruft es mit tausend Stimmen
Hinaus, in die schimmernde Ferne;
Hinüber, hinüber,
Zu den glückseligen Inseln!

O heilige Erde, erziehe einmal
Aus deinen tausenden,
Nach so viel Frühlingsstürmen,
Unter so viel Gefahren,
Einen glücklichen Menschen!
Sieh, ein empfängliches Herz
Oeffn' ich dir,
Hundert drängende Knospen
Schwellt es entgegen dir.
O laß ihn gedeihlich sein
Den träufelnden Morgenthau,
Entfaltend die Sonnenwärme,
Selbst den Beweger, den Wind,
Und die ergossenen Regen
Unter des Donners Befruchtung!

Daß den Blüthen nicht schade
Beleuchtung täubender Blitze,
Daß kühl die reifende Frucht noch
Anschau' in den schwülen Nächten
Des Mondes Geisteraug' —
O Erde, segne einmal
Einen vollseligen Menschen!
O Schwester meiner Geliebten,
Bleib du mir immer zur Seite!
Lehre mich harren, mich Stürmischen,
Wenn es noch immer nicht kommt,
Was ich so sehne, was sie verheißen.
Wenn es nur halb so schön sich erfüllt —
Oder das Leid kommt statt der Freude,
Stärke mich Schmachtenden; spiele
Mit mir, wie mit dem kranken Kinde,
Sanfte Beherrscherin des Lebens,
O du, himmlische, stille Geduld!

Denn oft, meine Geliebte,
Indeß ich weine auf dem Gebirge,
Fliegest du aus, wie eine Taube,
In das nebelverschleierte Land,
Bringest mir Zweifelnden,
Ob ich auch dich verloren,
Mit deinen Flügeln mich weckend,
Ein glänzendes Oelblatt.

Endlich, wann ich nach dem schönen
Blüthenvollen Tage
Durch alle Nebel, durch alle Wolken
Die schwindelnde Bahn gekämpft,

Am Abend mit reinem großem Blick
In dem klaren All mich spiegelnd
Ahndevoll entgürtend rüste
Hinter ruhenden Rosenwolken
In dem goldenen Zelte verwebt,
Niederzutauchen
In des Lebens Ocean —
Steige mir dann voraus
Hinab in die schaudernde Halle
Mit der Liebe leuchtender Fackel!
Daß ich drunten in ihrem Glanze
Schau die Geliebten, meiner harrend —
Steig' mir voran!
Tröstlich, wie es das schwache
Herz ja bedarf!

An die Erinnerung.

Göttin des Menschengeschlechts,
Du, die den flüchtigen Traum:
Leben, zu Leben macht,
Menschen zu Menschen, hoch
Feire des Dichters Lied,
Mutter der Musen, dich,
Wache Erinnerung.

Du, die Bewahrerin
Heil'ger Vergangenheit,
Du versöhnest allein
Mit der Vergänglichkeit.

Denn es verlischt die Natur
Mit ihren Frühlingen
Mit ihren Herbsten, einst
Lieblichlebendigem Werk,
Rings um den Menschen, verlischt
Immer hinter ihm leis
Seit er vom Mutterschooß
Leuchtende Jahre hinab
Durch ihre Hallen zieht.

Schon ein Schlummer, ein Traum,
Selber des neuen Tags
Leichtes Erröthen, wird
Auch dem seligsten Glück
Wohl zum holden, doch ach,
Unabwehrbaren Tod.

Schön ist der Tage Grab!
Golden und abendroth
Glänzt es im Azurblau,
Perlen und Rosen streut
Drüber der Himmel aus,
Und ein säuselnder Hauch
Jenseit der Sterne her
Weht die flammende Gruft
Leis in die Dämmer der Nacht
Hin zur Vergangenheit.
Dich nur, Erinnerung,
Macht die Vergangenheit
Reicher, und göttlichreich;
Wie in ein Meer ergießt
Still sich in deinen Geist
Der unerschöpfliche Strom
Himmlischer Herrlichkeit.

Du schwebst ruhig und bleibst
Ueber der wechselnden Welt!
Webend das heilige Gespinnst
Knüpfest du Tag an Tag,
Jugend an Alter, Volk
Immer an Volk, und vereinst
Frühes und Spätes! du giebst

Stille Allgegenwart
Selber dem Sterblichen:
Wieder und immer zu sein,
Wo er nur einmal war,
Als durchflög' er, ein Gott,
Selig des Lebens Zeit.

Menschliche Freuden sind
Unreif gepflückten
Sommerorangen gleich:
Heimlich reifen sie nach
Und verwandeln, was herb
War, in nektarischen Saft.

Aber lebendig sind
Leiden und Freuden der Brust;
Auch die verschwundenen noch
Wohnen und wirken in uns
Gleich den Bienen im Stock,
Welche vom Honig daheim
Zehren die Winterzeit,
Und sie begatten sich still,
Ja, sie vermehren mit dir
Sich, o Erinnerung,
Fruchtbare Königin!
Und das ältere Volk
Füttert den jüngeren Schwarm,
Und du, die Königin, giebst
Ihnen die Stimme des Stocks;
Oft dann schwärmen sie aus,
Bilden Ketten, und ruhn
Schwebend am Blüthenbaum,

Oder umsurren die Pracht
Neuer Gefild' entfernt,
Welche sie nie geschaut.

Vieles Glück, was du hoffst,
Selig dich überdrängt
Wie der Nachtigall Lied
Im gekehreten Lenz,
Zaubert dir nur zurück
Göttin Erinnerung.

Alter Tage Bild
Halbverloschen und trüb
Ziehst du hervor aus dem Staub,
Frischest sie wieder auf,
Lächelnde Malerin,
Stellst, als neu, sie mir vor,
Wo ich nun wandeln will.

Laß die Gemälde noch ruhn!
Aber durch's Leben mit mir
Komm', und zeichene treu
Jegliche Scene mir nach!
Sorglich bewahre sie auf,
Da sie mir werth einst sind,
Als ja des Lebens Schatz.
Darum lieb' ich dich auch
Billig der Hoffnung gleich.

Denn der Sterblichen Glück
Seid ihr himmlischen Zwei,
Hoffnung, Erinnerung!

Eine der Jugend gesellt,
Eine dem Alter allein.
Aber ich fürchte sie auch,
Wenn ich sie lieben muß,
Mehr, o Hoffnung, wie dich!
Denn dich gab nur der Gott
Gnädig mir Jüngling zu,
Daß du mich ruhend trügst
Auf deinen Fittigen
Golden und morgenroth
Hoch auf der Wolkenbahn,
Schauend und trauend hinaus,
Immer und nimmer bang!

Wenn die Sonne mir sank
Und schon lange mehr
Keine Erscheinung mir
Spät auf dem Lebensweg
Freundlich begegnete,
Schon die Ferne verschwamm
Rosig im Abendgedüft
Hüllend das blaue Gebirg,
Wo deine Schwester hinaus
Liebend mich tröstete —
Nimm dann den goldenen Stab,
Holde Erinnerung, du!
Und auf's verglommene
Dunkele Nebelgewölk
Male getroffen mir hin
Jede schöne Gestalt,
Meines Lebens Bild;
Daß an dem Mondnachtstück,

An dem silbernen Tag
Still sich weide der Blick,
Bis du den göttlichen
Träumelosen Schlaf
Sanft auf die Augen mir thaust,
Du, o Tochter vom Tod'
Und der verschwiegenen Nacht,
Süße Vergessenheit!

Hyperion in Arkadien.

Vater, wie ohne
Mühe doch leb' ich
Hier auf der schönen
Köstlichen Erde,
Seit ich unsterblich
Nicht mehr da oben
Deinen gewaltigen
Himmel bewohne!

Früh, wenn ich schlummre
Warm und gemächlich,
Triebst du die Heerde
Deiner Gestirne
Sanft schon hinunter,
Streutest du waltend
Rosen und Krokus,
Sprengtest aus Wolken
Perlenden Thau schon
Ueber die Blumen.

Reizende Rosen,
Purpurbesäumte
Weiße Narzissen,
Silberstaubte
Feine Aurikel,
Weder mit Honig
Füttr' ich euch, noch mit
Nährender Milch — und
Dennoch seid ihr mir

Da, und umhaucht mich,
Als ob ich's thäte!
Auch nicht die Traube
Schwell' ich mit Nektar,
Ringele sorgsam
Rebe dich an, du
Mutter der Trauben!
Oder ich füllte
Unsere Quelle,
Kleidete meine
Lämmer mit Wolle.

Vater, durch deine
Nimmer geschaute,
Immer genoßne
Mühe — wie leb' ich
Hier auf der schönen
Erde so köstlich!

Sorglos im Sommer
Geh' ich zum Strauche
Deß ich nicht dachte,
Den du im Frühling
Blüthengesegnet,
Pflücke Granaten!
Sorglos im Herbste
Streu' ich die Saat aus,
Ihrer vergessend
Während des Winters,
Werfe sie dir hin
In die geordnet
Reinliche, immer
Glühende Werkstatt.

Doch du vergissest
Keines. Du selber
Richtest das Gras auf,
Drinnen ich ruhte,
Guter, du trägst mir
Auch der Geliebten
Liebende Seele;
Wenn ich am Bernstein=
Halsband ihr kose,
Und sie mit naher,
Furchtsamer leiser
Lippe mir lispelt:
Sage, Geliebter,
Wer nur, unsichtbar,
Träget den Vollmond
Droben am Himmel
Still uns vorüber?
Ueber die Bläue,
Streuet so süße
Düfte wie Myrrhen?
Wer hat uns selig
Diese belebte
Freundliche, schöne
Wohnung bereitet?

Aber ich lächle,
Deiner gedenkend,
Göttlicher Vater!

Chiron der Centaure.

Komm, weine nicht auf, mein Knab' Achill,
Du Göttersohn, zu den heiligen Wolken!
Ich lächle des Zorns, der deinen Busen
Der Mutter verschließt, daß die Gute dich sterblich
Der Erde geboren! mich rührt dein Auge,
Das heimlich feucht dir am Himmel bettelt!

Leuchtet die Sonne nicht jenseit und diesseit?
Senkt dieselbige Bläue des Himmels
Sich nicht ab, bis in diese Blumen
Drinnen du liegst, und füllt sein Thau nicht
All' ihre Kelche, und seine Nebel
Feuchten morgens dir dein Haar?

Selbst der Gott ist unsere Gottheit,
Keine sich eigene, keine fremde,
Und die Natur ist unsre Natur.

Oder was wäre sie sonst diese Sonne,
Die von des Meeres jeder Welle
Silbern strahlt, die selbst dir im Becher
Purpurn funkelt?
Oder was wäre
Dieser Erde freundliche Schöne,
Voll Blüthenschnee diese Bäume schütternd,

Die tausend Blumen, der weiche Teppich
Zu deinen Füßen?
Oder was wäre
Deines Busens heiliges Athmen,
Der wie die Muschel wiederrauscht
Der Frühlingserd' und des Himmels Rauschen,
Und dein Auge, das eigen wiederglänzt
Der Sterne Glanz — die warme Lippe,
Und die ausgestreckte, die markige Hand?

Nicht andre als Götter sind die Menschen,
Als Menschen Götter: sie sind es selbst!

Sie wandeln dir im Thal entgegen,
Wie des Abends Sterne über die Berge,
Im Gewühl der Schlacht; und ihrer Wangen
Blüthen sind wie das Morgenroth
Dieselbige Blüthe! — Ergreife Menschen,
Du fassest Götter. Fasse sie denn!
Die Erde mit ihrem azurenen Dach
Sei dir das helle, das himmlische Haus,
Und heilig jeglicher Athemzug,
Jegliche Rose, die um dich blüht:
Keusch sei dir alles umher, wie die Seel' es dir ist;
Und mit deinem schönen köstlichen Leibe
Schöpfe, wie mit krystallener Schale,
Dir jede Wonne der Erde herauf!

Denn mit dem Gotte theilst du das Höchste,
Leuchtet dir, so wie ihm, die Schönheit!
Und rauschet die Zither deine Leiden,
Sind es keine Leiden mehr,

Keine Thräne die Thräne mehr;
Und wärst du selbst der nichtige Traum
— Die Kunst ist Eine Göttern und Menschen,
In ihrer Verklärung lebt der Traum auch
Neben Göttern, sie tränkt mit Nektar
Ihre Gebilde für ewige Dauer.

Und wann deine Gebeine zu Staube gesunken
Und die goldene Urne im Hügel
Lang' ihn bewahrt, und einst nicht mehr,
Dann wehen ihn holde Frühlingsdüfte
In diesem schönen Himmel umher
Und große Tropfen quellen ihn an.

Mit festlicher Seele begehe du rein
Und schön das königliche Leben
Als höchste Kunst; du begehst in ihm
Ein Göttliches und ein Ewiges.

Des Himmels Wonne fülle dich aus,
Dir wirke die Thaten Göttersinn,
Dir klinge dein Wort als Gesang vom Munde,
Dir leite die Grazie jede Bewegung,
Und aus ihrer Hand empfange dich die Muse,
Dich einst, wie du warst, verklärt zu gestalten.

Der Tod des Adonis.

Herbstklage.

Adonis.

O Aphrodite, so siehst du mich wieder!

Nun muß ich deiner Liebe vergessen,
Tief getaucht in des Lethe Fluth!
Nun werde ich nicht mehr wandeln mit dir
Wie sonst, im Gedüft der Blüthengebüsche,
Am blumigen Quell, in des Waldes Umdüstrung
Mir leis zu entschleiern, ach, zu fassen
Deine unaussprechliche Schönheit!

Nahet nicht wieder der schreckliche Eber?
Dort in's Gebüsch hin rann er schäumend
Mit tödlich verwundendem blutigem Zahn —
Doch unschuldig, büß' ich die Schuld nur
Ach, nur meiner sterblichen Mutter,
Die mich so schwer, und dennoch so leicht-
So tödlich-verwundbar einst gebar!
O schone des Ebers!

Lasse der Liebe
Mich sterben, ehe die Liebe mir starb!

O selig, umschlungen von deinen Armen,
Gedrückt an deine kühlende Brust,
Schmachtend Auge in schmachtendes Auge
An deinem himmlischen Nektarmunde,
Sanft zu verhauchen den süßen Traum! —

— Mir träumte: Ich war ein schöner Knabe,
Und es liebte mich eine Göttin
Voll unerschöpflich entzückenden Reizes —
Da kam ein Eber mit grausamem Zahn
Und schlug dem Knaben eine Wunde —
Aber die Göttin war nicht vermögend,
Zu stillen die tiefgeschlagene Wunde
Des menschlichen, leichtgewebten Leibes —
Und so mußt' ich, ach, mußt' ich sterben
Im Arme der schönen, klagenden Göttin!

Aphrodite.

Seht, er ist todt, er ist todt! — Da schläft er —
Unerwecklich den Göttern zur Schmach
Zu unabwerflicher Schande der Ohnmacht,
Welche nur Sterbliche sterbend vergossen,
Aber zu endlosem Jammer mir Armen
Nur zum Unglück Elendunsterblichen!
Entschlafen möcht' ich, immer schlafen
Den unstörbaren Schlaf, den er schläft,
Den ewigen Schlaf — den heiligen Tod!

O Aphrodite, wo ist der Weg dir,
Dir in den finstern, finstersten Orkus?

O ihr Sterblichen, selig seid ihr,
Die ihr nun einmal zu dem Staube
Des Schönen, zum Raube eurer Lieben
Auch tragt das Vergönnen: es nicht zu verlassen,
Zu folgen dem Schönen, zu folgen den Lieben
Hinab in den Tod! um zu sein — wo sie!

Also bezwang der schlaueste Gott
Die stets doch das Leben begehrenden Menschen,
Selber die schöne Sonne zu hassen:
Grausam reißt der gewaltige Tod
Das, was sie lieben, hinab in den Orkus! —
Selber dann kommen und weinend bitten
Muß der Beraubte den Herrscher der Todten:
„Du Starker, o nimm mich Verlaßnen, mich auch!"
Sieh', und umsonst nicht läßt er sich flehen
Lächelnd des Kommenden, tückisch der Arge!
Ach, und noch gnädig nimmt er auch ihn hin!

— Rüst' ich des Holzes lohendes Mahl mir,
Stürz' in die Flammen — ach, so ergreifen
Die nichts-verschonenden Flammen — schonend,
Nicht den unsterblichen Götterleib,
Lobert fort und banger wie vor
Meine Liebe! —
Steig' ich in Lethe's schweigende Wogen
Bis an die Stirn kühl — ach, so löschen
Die allesstillenden Fluthen — schonend,
Mir nicht die liebende Göttergluth,
Lodern fort, und heißer wie vor
Meine Leiden!

O Aphrodite, wo ist der Weg dir,
Dir in den finstern, finstersten Orkus?

Die Musen alle.

O Götter, wie webt ihr das Schöne,
So zart, wie die Frühlingsblüthe,
So leicht, nur aus duftigem Aether!

Eine Muse.

Wie spielet das helle Laubgewimmel
Faßlich-unfaßlich im Strahle der Sonne!
Aufgetaucht in dem Blüthenmantel
Steht der Baum da, der weiße Geist!
Und erst der glänzenden schlitternden Knospen
Auf seinen wiegenden, grünen Armen
Schimmerndes Blättergespreiz! und ach,
Der Blumen, in undurchdringlichem Wunder
Dennoch wahre holdselige Gegenwart!

Aphrodite.

O Götter, wie webt ihr das Schöne,
So zart, wie die Frühlingsblüthe,
So leicht, nur aus duftigem Aether!

Die Musen alle.

O Götter, wie webt ihr das Schöne,
So zart, wie die Frühlingsblüthe,
So leicht, nur aus duftigem Aether!

Zwei Musen.

Das schöne, fremde, himmlische Kind
Ahnend die warme erquickende Sonne,

Hebt mit dem Haupte die lockere Erde,
Wirft halb aus dem Schlafe sich ringend, nun ab
Den zartgewirkten niedlichen Mantel,
Und lieblich und reinlich stehet es da
Erregend dem Knaben Auge und Brust
Das schöne, fremde, himmlische Kind —
Doch nimmt es der Knab' in die prüfende Hand,
Zerfällt es ihm — täuschend — in leichten Staub!

Aphrodite.

O Adonis, wie hegt' ich dich liebend
An meinem warmen seligen Busen,
Dich, des Frühlings herrlichste Blüthe!
Wie wandeltest du, du wandelnde Lilie,
— Nicht festgewurzelt in Erde, wie Reben —
Du mit fröhlichgelöster Pflanze des Fußes
Frei und treu, wo ich wandelte!
Wie blicktest du wonnebefangend mich an.
Du Glockenblume mit blauen Augen,
Die glänzten, leuchteten, himmlisch durchglüheten
Vom tiefen Strahle des Frühlings — von Liebe!
Wie hauchte dein Mund, du redende Rose,
Nicht bloß heimlichen lieblichen Duft
Wie die schweigenden Rosenknospen,
Nicht allein, ach, entzückenden Laut
Wie die unverständliche Nachtigall,
Nein, verständlichen liebenden Zauberhauch,
Klar ausströmend aus Herz in Herz
Süße verstandene Feuergluth —
Du sinnvollstes der sinnvollen
Frühlingsgebilde, o mein Adonis

Die Musen alle.

O Götter, wie webt ihr das Schöne
So zart, wie die Frühlingsblüthe,
So leicht, aus duftigem Aether!

Drei Musen.

O Götter, wie habt ihr doch Macht gegeben
Selber dem schwebenden nichtigen Nebel:
Das Schöne sogar und so leicht zu vergiften!
Macht dem Regen, zu beugen sein Haupt,
Macht dem Winde, es schnell zu zerstören,
Es zu verwehen, wie habt ihr gegeben
Vergänglichem Erze, zu tödten das Schöne!
Ach, wie so Allem habt ihr, Götter,
Beweinenswürdige Macht gegeben
Beweinte Macht, Macht über das Schöne!

Aphrodite.

Ihr klaget mit mir, anstatt mich zu trösten?
Ihr himmlischen Musen! Von euch erwart' ich
Mir Trost und Lindrung, ihr Stimmen der Götter!

Die Musen alle.

Mit dem Unglückseligen klagen,
Ist des Unglückseligen Trost!
Denn jegliches Leid hat seinen Verlauf,
Und jegliches Glück auch hat sein Ende.
Göttern und Menschen immer dienstbar
Nahe zu sein, so wie sie es bedürfen,
Dem Glücklichen unsere Stimme zu leihen
Sein unaussprechliches Glück zu sagen:
Ist unser Amt!

Und des Unglücklichen dumpfen Schmerz
In thränenlösenden Klagen zu singen:
Ist unser Amt!

Denn zwei sind der Wege:
Einer des Glückes — einer des Unglücks;
Jeglichen, welchen ein Weib geboren,
Führen die Götter: Einen zu wandeln;
Aber uns Musen gaben sie beiden
Göttlichen Wandrern als Freundinnen zu:
Den, vorleuchtend, den tröstend zu leiten,
Die vorgezeichnete Bahn zu durchwandeln
Richtig zu seinem seligen Ziel.

Drei Musen.

Ewig lebet die Schönheit
In Allvaters Auge
Wie das Licht im Auge der Sonne;
Wenn die bildende Erde
Neue Gestalten geformt,
Neue Kinder der Blumen,
Neue Menschenkinder,
Blickt Allvater sie an
Mit dem malenden Auge,
Macht die werthlose Erde
Macht das Vergängliche schön,
Daß er selber, hinunterblickend
Oder ein anderer Gott,
Doch auch selber da drunten
Etwas Gefälliges seh'!

Aphrodite.

Ist Er nur ein Gott? Auch ich bin Göttin!
Ewig will ich in festem Auge
Das Schöne mir halten, fort mir es erschaffen.
Denn der Geliebte ist nimmer todt, — nein,
Wer nicht mehr liebt, nur der ist gestorben!
Liebe ist Leben, und giebt rings Leben!
Die Liebendgeliebten gehn ungekränkt
Selbst durch des Grabes schimmlige Pforten
In das geheimnißvoll selige Reich,
In der Verklärung Glanz hinauf.
Uns ist's nicht gestorben, noch wir auch jenem.
Sieh, und die Todten leben, sie leben.
Selig fort in unserer Liebe
Und sie lieben uns fort in dem stillen
Geheimnißverschleierten heiligen Leben!

Die Musen alle.

— Adonis Grabgesang. —

Leget den Todten nur hin; denn dir, der unsterblichen Göttin,
Stirbet die Liebe ja nicht, stirbet das Schöne ja nicht!
Denn das Vergangene bleibt dir immerdar nahe vor Augen,
Wenn es der Erde entflieht, nennen's nur Sterbliche todt.
Aber es heben das Schöne in seiner gelungensten Blüthe
Vor der Umwandlung ja nur dieser vergänglichen Welt
Gnädig die ewigen Götter mit liebreichrettenden Armen,
Unverwelklich zu blühn, liebend zum Himmel empor.
Sich überleben allein ist der Tod nur allem Vollkommnen,
Siehe, ja nimmer die Zeit misset dem Höchsten den Werth!
Also muß denn vergehn was am herrlichsten blüht, nur am schnellsten,
Aber geschaut und geliebt, hat es gedauert genug.

Hebe.

Wie spielt er heimlich mit seinen Locken,
Kräuselt sie, über die Finger wickelnd,
Dem Knaben zwischen seinen Knieen
Auf, und zerpflückt sie, sie wieder zu rollen!
Und den, indeß den Blick versenkt
In des Sitzenden Schooß, Erröthenden
Zieht er in seine Umarmung,
Preßt ihn, ach, an sein Herz!

Ja, er ist schön, er ist schön,
Ich kann ihn nicht hassen, den Nebenbuhler,
Allvater beklagen — nur mich, mich!
Denn ich vermag das Leiseste nicht
Mehr über sein Herz — o du Arme
Sprich es aus, daß du vergehst:
Du vermochtest es nie.

Ach, und doch des Mädchens Gluth —
Wer könnte Allvater nicht lieben,
Den Urschönen!
Wo rettet' ich hin mich, wohin
Vor seiner majestätischen Stirn,
Seiner Augen Gewalt, des Allmächtigen,
Wenn ich die Schale ihm reichend,
Zum Traum verschwebend, zitternd vergoß!

Vor dem Schönen rettet nur Liebe;
Daß ich mich schmiegt' an seine Brust,
Die erbleichende Wange, ach,
Zu verbergen an dem Duldenden --
Aber fühlend das klopfende Herz,
Umschlang mich der Allliebende!
Ergoß, Seligkeit strömend, sein Aug'
Ueber mich Schmelzende,
Verging ich bebend
Unter seinen Küssen!

Nun breite mir, o versöhneter Adler,
Der du oft mit eifersüchtigem Flügel
Mich trafst, wenn ich lag,
Wo der auch Kurzerwählte,
Doch Selige nun liegt —
Breite mir die Kraft
Deiner Fittige,
Trag' mich hinab
In jenes stille Thal,
Daß ich nun Ganymedens
Verlassene Heerde weide,
Denn mich liebt ja Allvater nicht mehr!

Endymion.

Wie du blaß bist, Luna!
Wie mir es innig wohlthut,
Daß du so blaß bist,
Meine Luna!

Oft versonnen
In mein Glück
Steh' ich gelehnt
Auf meinen Stab,
Schau' in den Bach
Nach deinem Bilde,
Zieht es hinab mich
Zu dir, ach zu dir
In die heimliche Klarheit!
Und wenn ich erwache,
Siehe, da weidet
Die Heerde vergessen
Schon weit von mir abwärts,
Steh' ich allein.

Wie durch die Wolkenlücken
Du mir herab liebst,
Den Blick an der Erde
Bedeutsam hinstreichst.

Rosig entglühend
Auf einer Wange
— Die andere blaß —
Vor Scham und Sehnsucht,
Der Nacht gedenkend,
Jetzt dich verhüllst!

O senke, Phöbus,
Strahlengelockter,
Endlich senke
Dein leuchtend Gespann
In das kühlende Meer,
O senk' es hinab.

O daß du schon herabstiegst
Aus dem weißen Thaugewölk
In das Düster des Haines
Meiner Umarmung!
Daß ich mir ihn löste
Den Sternenschleier,
Daß ich dir ruhte
Am dämmernden Busen,
Indeß die Nachtigall
Schlägt vom Blüthenzweig,
Die besorgete Nymphe
In den Wald nach mir rufet:
Endymion!
Und, während du lächelnd
Mich sanft an die Brust drückst —
Der Wald nachrufet:
Endymion!

Der Glücklichste.

Wer ist der Glücklichste
Unter den Sterblichen?

Soll ich den Herrscher
Den Glücklichsten nennen,
Der auf den Häuptern
Der Menschen wandelt,
Der von der Schönsten
Sagt: sie ist mein,
Dem zum Genusse
Die Erde sich beut?
Oder ist die Schönste
Die Glücklichste auch,
Die aller Herzen
Sorglos hinwegreißt,
Der selber der Herrscher
Purpur und Krone
Zu Füßen legt?
Ist's der Geliebteste?

Glücklich zu werden
Hoffe das keiner!
Denn der Glückliche
Wird geboren.

Der Liebendste ist
Der Glücklichste!
Welchem Allvater
Das volleste Herz
Zum Genusse gegeben,
Das reinste Auge:
Mit Leichtigkeit früh schon
Das Schöne zu finden
Ueberall es erkennend
Es glühend zu lieben,
Die fühlendste Seele:
Als wären die Schmerzen
Des leidenden Lammes,
Des Bettlers Schicksal
Zu lindern, zu leiten,
Die großen Geschäfte
Allvaters, im Kleinen
Auch seine Geschäfte.

Denn dem augenlos,
Herzlos, durch Göttliches
Nimmer Gerührten
Spannet vergebens
Der gütige Vater
Auf rieselnde Wolken
Den leuchtenden Bogen,
Malet vergebens
So prangend die Schwingen
Der Sommervögel,
Streuet vergebens
Den goldenen Staub
In die Lilienkelche.

Nur die Liebe
Schaffte die Welt,
Und nur die Liebe
Weiht zum Besitz.
Selbst Allvater,
Himmel und Erde
Mit allmächtigen Armen
Umfassend und tragend,
Alle seine Wesen
Ueberschwänglich liebend,
Heißet den Menschen
Nur darum Allvater!

Diene die Erde
Welchem sie wolle,
Gebiete dem Meere
Wer es vermag —
Sie bleiben dem Liebenden.
So wie der Biene
Die Flur; wie Allvater
Selbst würdiget, rein,
Allgenießbar und göttlich
Die Welt zu besitzen;
Wer könnte die Freude,
Wer könnte sie selbst
Dem Durchglüheten rauben,
Ihrem wahrsten Herrn!

Ihm gehören die Berg'
Und die Blumenthäler,
Im Morgengewölk'
Die geröthete Lerche,

Ihm gehöret,
Auf nächtlichem Felsen
Seiner harrend
Wie der Geliebten,
Der aufdämmernde Mond,
Und die Schaar der Gestirne,
Ihm feiern in Sturm
Und Blitzen die kindlich
Durchschweiften Gewitter
Das himmlische Brautfest,
Sein gottverliehenes
Eigenthum selbst
Ist die Schönheit der Schönsten,
Der Schaffenden Werk.

Mit reinem Herzen,
Wohlthätig und liebreich
Jeglichem Wesen,
Sie fassend und tragend,
Theilst du die schöne
Welt mit Allvater,
Ueberschwänglich ihn liebend
Hast du Allvater.

Wanderung in der Troas,

im Mai 1819.

Feurige Wolken
Thürmend wie Berge,
Kommst du, Allvater,
Blitzeverklärt mit
Silbernen Reigen,
Donnernd am prachtvoll
Hallenden Himmel
Langsam gezogen,
Her, aus uralten
Seligen Tagen,
Neu die verloschne
Erde voll ew'ger
Milde zu weihen.

Ueber das heitere
Schneeige Berghaupt
Wölbst du den bunten
Duftigen Bogen,
Ueber die Lämmer
In dem Gefilde;
Streuest mit vollen
Händen den ew'gen
Segen befruchtend

Rings um die Hütten
Deiner Lebend'gen,
Und auf die Gräber
Deiner Gestorbnen
Streust du noch Veilchen
Aus, o du Allen
Gütiger Vater.

Seid ihr noch heut da,
Hügel der Todten?
Rührend, so anders
Und doch dieselben,
Ragt ihr in meine
Tage herauf, als
Wandelt' ich seltsam
Träumend und wachend
Hier, in der Vorwelt
Leuchtendem Frühling!

Ach, es zersprenget
Wonne der Wehmuth,
Bangen der Wonne
Bald mir den Busen!
Ach und das Auge
Faßt nicht den Zauber
Wechselnder Dauer,
Dauernden Wechsels,
Heilige Erde!
Und erst vor deinem
Scheine vergeh' ich,
Ewige Sonne!

Ruhe, du sel'ger
Wandrer, im jungen
Grase des alten
Hügels der Todten!
Sieh, wie der Meerschwall
Brandend ihn aufbrach --
So wie Gestad' nur.
Nachtigall, schlägst du
Zu dem Geplätscher,
Das ihn benaget?

So ist des Menschen
Strebendes Dasein
Fort auf der Erde,
Seit sie ihn groß nährt,
Daß er vergänglich
Selbst ist, und was er
Immer vollbringet,
Alles vergänglich:
Zeugt er, ihm ähnlich,
Rosige Kinder,
Pflanzet er Eichen,
Gründet er Städte,
Bauet sich Gräber —
Alles vergänglich
Stirbt es, verweht es
Unter der Sonne.

Eben um dieses
Preis' ich den Menschen
Göttlich und einzig:

Daß ihm ein eignes
Leben gegönnt ward,
Eigene Tage!
Früchte, die keiner
Mehr aus dem Zweig bricht,
Trauben, die nach ihm
Niemand mehr keltert,
Sieh, und ein Weib, das
Eigen ihm blühte,
Knaben, die seinen!
Ach, und ein Herz, wie
Keins mehr empfindet
Unter der Sonne.

Meine Begleiter.

(Aus der griechischen Reise.)

Zwei Knaben begleiten
Mich, seit ich gedenke,
Wohin ich nur wandle,
An jeglicher Seite
Einer, begeistert
Die Hand mir fassend:
Eros und Phantasus,
Leibliche, liebliche Brüder!

Phantasus, zaubernder,
Wechselnder Göttersohn,
In des Chamäleons
Unter dem Anblick
Verwandeltem, ewig
Reizendem Kleide,
Wehmuthneigender,
Zaubre mir immer
Schöne Gestalten!
Feuriger Eros,
Dichte mir immer
Freundliche Träume!

Mit reinen Tafeln
Sendet Allvater
An jeglichem Morgen
Die Horen hernieder,
Welche Geschichten
Die dichtende Liebe
Mit brennenden Farben
Darein will malen.
An jeglichem Abend
Tragen die Horen
Die Tafel des Tages
Mit dem schönen Gemälde
Hinauf zu Allvater,
Und die beschauten
Stellt er nach der Reihe
Auf in der Halle
Der Vergangenheit,
Gleich des Hephästus
Künstlich gehämmerten
Glänzenden Bildern,
Zu ewiger Dauer.
In müßigen Tagen
Wandeln die Götter
Gern in die Halle
Sie dort zu beschauen.

Alles sind Träume!
Und auch die Menschen
Sind Gedanken der Liebe;
Wie wenn an den Bienenkorb
Der Wächter der Schwärme
Sein nächtliches Ohr legt.

Du Maler der Hoffnung
Entschleierst die Zukunft
Mir wie die heilig
Dämmernde Mondnacht,
In des Lebens Wüste
Hängst du mir alle
Nebelwände,
Alle Felsenschlüchte
Voll winkender Bilder,
Neigen sich andre
Mir Lächelnden lächelnd
Von flatternden Wolken,
Steigen mir duftig
Aus Kelchen der Blumen,
Empor aus dem Himmel
Dampfender Quellen.
Selber des Lebens
Tausend Gestalten
Müssen. was du träumst
Nur, mir bedeuten.

Jetzo verwandelst
Du mir die Erde
Zum äußersten Sterne,
Seh' ich ihn funkelnd
Im Morgen-Rubinlicht
Vor mir gebreitet,
Seh' mit Erstaunen
Vögel umschwärmen
Den furchenden Pflüger,
Ein silberner Fluß wallt
Glitzernd im Thale,

Saphirene Früchte
Brechen aus Jaspiszweigen
Seltsame Wesen,
Bis sie bei'm Namen
Mich Erschreckenden rufen,
Die nur entfremdeten
Wohlgekannten Knaben.

Oder dem Geiste
Der Helena leihst du
Meiner Geliebten
Göttlichen Leib — o
Wonne — umschling' ich
Helena in ihr.
Jetzo dagegen
Wandl' ich am Tage
Mit leiblichen Augen
Als Geist der Todten;
Nur was die Liebe
Dichtet, das lebet!
Was die uns gedichtet
In lebenden Scenen,
So stehen wir oben
In den vergangenen Tagen,
Unverlöschliche Bilder
Dort bei Allvater.
Eros, in jeglichem Busen
Lebest und webst du
Ach, und wie könnt er leben,
Wie könnt' er lieben!
Doch lieb' ich denn nicht,
Wie die Seele mir fühlet?

Und leb' ich denn nicht,
Wie die Träume mir wechseln?

Darum, o Eros,
Selig ist jeder,
Dem du recht viele
Träume beschieden.

Das Schöne zu schauen
Bringt göttlichen Reichthum,
Denn ewig bewahrt ihn
Die liebende Seele.
So wie der Wandrer,
Der in die goldne
Sinkende Sonne
Lange gestarret —
Wohin er nur blicket,
Wird der Geblendete
Ihr Bild nicht los,
Sieht er es selber
Mit offenen Augen
Gleich goldnen Orangen
Leuchtend in allen
Gebüschen brennen,
Strahlt's ihm von allen
Düsteren Wolken.
Du, Phantasus, öffnest
Mir der Vergangenheit
Schweigende Halle,
Und um die Gemälde
Der vorigen Tage
Mit den Gebilden

Ausruhender, Sel'ger,
Schweb' ich wehmuthsvoll,
Wie die Biene surret
Um verblühete Kränze.

Auch an die schaurige
Pforte der Träume
Versenkst du mich Schlummernden,
Hör' ich darinnen
Sie schwirren und flüstern —
Du verwechselst mir täuschend
Die leuchtende Sonne
Mit Ilion's Sonne,
Und ich, als der Jüngling
Neoptolemus
Sehe die Männer
Mit Aexten und Scheiten
Vom Ida kommen,
Denn morgen erst, morgen
Wird Hektor bestattet!
Erblick' ich am Meerstrand
Ein Schiff aus der Heimath
Und frommglühend
Die Freunde zu grüßen,
Eil' ich zum Ufer,
Zum Schiffe, betret' es,
Find' ich, begrüß' ich
Meine Gefährten!

Dank dir, Allvater,
Du gabst mir die beiden
Holden Begleiter!

Aber sie gaben
Mir immer zu walten
Gleich den Göttern
Im göttlichen Reiche;
Aber sie schmücken
Mir Geist und Gemüthe,
Mir Himmel und Erde
Mit Fülle der Schönheit.
Ach, lange, zu lange
Sah' ich deine Schönheit
Als Tod mich verfolgen!
Vergebens entfloh' ich
Mit schluchzendem Herzen,
Bis Eros mir zurief:
Flieh' nicht vor der Schönheit!
Liebe sie, hast du
Sogleich und auf ewig
Seligkeit von ihr!

Endlich erkenn' ich's!
Die bittersüßen
Leiden — sie sind nur
Wonne des Lebens
Auch! wie Allvaters
Herrliche Werke
Die Seele mir anglühn.

Der du den Thau lockst
In Blüthenkelche,
Die Stimme der Nachtigall
Lösest zur Frühlingsnacht —

Schwebe beschwichtigend
Du mir vorüber,
Du blasser Maimond!
Löse die Thränen
Der ewigen Liebe
Im schmachtenden Auge!
Entlade durch Lieder
Der Laute des Busens
Elektrische Saiten,
Denn mir erstickt fast
In Wonne die Seele.
O wäre mein Auge
Wie des Mondes Auge
Kühl und gelassen,
Ruhig verweilend
Auf der Erde
Silbergestalten!
Aber mein Herz, ach,
Lodert wie Eros
Tödtliche Fackel
In leuchtendem Brande
Verzehrend verzehret.

O lehre mich, Eros,
Dieses Herzens
Selige Fülle
Gelassener tragen,
Deiner himmlisch schönen
Göttergebilde —
Tief aus der Seele
Tief in die Seele
Wie Blitzen der Sonne —

Eindringendem Anblick
Nicht zu erliegen!

Sonst mußt du, o Liebe,
Den du mir windest,
Den Kranz von Myrte
Mit eingewebten
Knospen der Rose
In die erblaßten
Schläfe drücken
Deines Gestorbenen!

Lied der Horen.

Aus himmlischen Träumen
Heitre und düstre
Zusammenverwebend,
Bilden die Götter
Die Seele des Menschen,
Lassen zum schönen
Leibe gefasset
Um sie gerinnen
Allbildsamen Urstoff.

Ein bestimmetes Maaß
Von Lebenskraft —
Zum freudigen Mitgenuß
Ihres Himmels
Und ihrer Erde,
Im eigenthümlichen
Gnügevollen Dasein —
Wird von den Göttern
Jedem gemessen.

Selber der Palme:
Mit wie vielen Datteln
Sie je sich bekränzen soll,
Und der Strauch der Rose
Mit leuchtenden Rosen.
Die Rebe des Weinstocks
Entfaltet beschränkt
Sich an jeglichem Tage,
Wie weit den Verlauf ihr
Die selber vorüber
Getragene Sonne,
Der wolkengesandte
Thau es ihr vorschreibt;
Und die geforderten
Trauben zu tragen
Machet ihr Leben aus.

Aber der göttliche
Mensch verschwende
Sein Maaß der Kraft
Nun hintereinander
Rasch in der Jugend,
Oder vertheil' es
Weise gebrauchend
Auf das ganze Leben,
Oder er spar' es
Thöricht und darbend
Den Würmern zum Opfer —

Endlich versiegt es.
Verflieg's im Gelächter
Zurück in den Aether,

Er wein' es in öden
Thränen dahin,
Er vertrau' es gesegnet
Dem blühenden Weibe,
Er denk' es und dicht' es
In schönen Gedanken aus.

Die Kraft lebet um ihn
In lieblichen Kindern,
Seine Gestalt nun
Wieder und immer
Fortzeugend auf Erden
Aus sterblichen Reihn
Zum unsterblichen Menschen;

Sie lebet um ihn
In den zarten Gebilden
Seiner Phantasie,
Als seine eigene
Rein über alles
Menschenbedürfen
Erhöhte Verklärung;

Sie lebet im Zauber
Der Farben und Töne,
In Erz und in Marmor,
Als unaussprechliche
Himmlische Wesen;

Sie dränget sich endlich
Noch schwellend in Astern
Aus seinem Grabe.

Aus Träumen weben
Götter die Menschen,
Darum verschweben
Sie auch wie Träume.
Heim in den Aether
Streben die freien
Uralten Stoffe,
Jegliche schöne
Fassung zerstörend,
Und in den Himmel
Kehren die Träume.

Moses Nachtgesang
bei der Heerde.

Wenn die Sternennacht
Ringsum flammt,
Die raumlos-unendliche,
Auf hoher Milchstraße
Daher tritt der zeitlose
Weltdurchwandrer,
Der musternde Komet,
Verwundert nun mich schaut,
Den Entsproßten im Thal,
Greif' ich in meinen Busen,
Die Hand auf dem fluthenden
Sterblichen Herzen,
Bleib' ich gelassen.

Jeglichen hat ja der Gott
In eine Bahn beschränkt,
Ihm sie mit Blumen bestreut,
Setzt' ihm ein eigenes Ziel,
Maß mit gerechter Hand
Zu seines Lebens Geschäft
Voll Zeit und Kraft.

Schreit' er nun, ein Riese,
Mit Wolkenschritten
Von Berge zu Berge,
Sehe die Aloe
Neunmal blühen;
Oder ihm gnüge
Sich zu sättigen
Eine Hand voll Datteln,
Sei ihm bequem
Die liebliche Sterbliche;

Oder bedürfe
Sich zu vollenden,
Wie der Seidenwurm
Sich einzuspinnen,
Nur wenige Sonnen.

Dem Menschen gab er
Ein kleines Geschäft
Setzt' ihm ein nahes Ziel,
Streute wenige Blumen
Auf seine Bahn;
Die pflückt' er sich eilig,
Umarme so lieber
Sein nahes Ziel.

Hab' ich, Menschenkind,
Menschenziel erreicht,
Hab' ich alles erreicht,
Bin ich, diese Gestalt,
Ueberall immer
Gern verschwunden.

Beschlossen ist ewig.

Ewig froh,
Froh so lange ich war,
Ewig genossen
Mein Weib, sie genossen
So lange sie blühte
In unseren Nächten —
Laß ich sie euch alle
Gern, die unzähligen,
Unbeneideten Sterne.

Seliger ist mir
Mein vergängliches Leben,
Alles erfüllend,
Mit bindender Myrte
Ein schöner Kranz,
Als dein unvollbrachtes
Nie gekrönetes Dasein,
Zeitloser Wandrer.

Die Auferstehung der Schönheit.

Nehmet die Götter
Alle, die Göttinnen
Alle, nur laßt mir
Eine, die meine,
Die jeglichem seine,
Die unvergleichliche
Seelenbezaubernde
Selige Schönheit!

Denn ohne dich, o Schönheit,
Was wäre der Himmel
Unabsehliche Fülle,
Was Titanen Allmacht
Ueber des Kraftmeers
Unermeßliches Brausen? —
Nur ein Wühlen des Ebers
In Moder und Schlamm!

Und du, o Schönheit, wärest verloren,
Begraben! — von wem?
Vergessen! — von Menschen?

Denn heimlich, heimlichst
— Als sündlicher Frevel —
Doch mit eingeborner
Unwiderstehlicher Inbrunst
Weinte die keusche Jungfrau
Ueber den schönen Jüngling!
Freute die junge Mutter
Ueber ihr schönes Kind
Sich, über das goldene Haar,
Und als Geheimniß,
Wie unter dem Eise der Strom,
Wallte Entzücken
In tausend verschwiegenen
Nächten, all, überall!

Ueberwachsen
Von Myrtengesträuch,
Von Rosengebüschen
Lagen die Tempel
In Säulentrümmern,
Die Götteraltäre
Am Busen der Erde,
Und der trauernde Wandrer
Weinte vorüber
Und hörte verwünschend
Das fromme Gesumm
Und das Abendgeläut'
Aus heiligen Mauern
Voll Furcht vor der Hölle! —

Da donnern die Wolken,
Da wäscht der Gewitterschauer

Eine blinkende weiße
Nach Rettung gestreckte
Hand aus dem Schutt!
Und er räumt und er wühlt
Und ein Nacken wird sichtbar
Und ein Busen wie Schnee,
Nun die blendende Hüfte,
Und das himmlische Antlitz
Schaut wieder die Sonne,
Schaut wieder den Menschen an:
„Wo wäre, was mir gleich?
Was ist die Sonne,
Nur gegen ein schönes
Menschengesicht!"
Und vor der auferstandnen
Göttergestalt
Hin sinkt er zur Erde
Und betet wonnevoll —
Während die Erde bebt,
Kloster und Kirche schüttern,
Und aus den alten Gräbern
Die Künstler auferstehn
Wunderbar lächeln,
Und als Geister hinaus, begeisternd
Wieder zu glücklichen
Menschen schweben — er betet:

„O alle ihr Götter,
Ihr schienet verworfen
Auf immer und ewig
Von heil'gen Barbaren —
Aber die Schönheit ist unbesieglich,

Unerforschlich ist schöner Gesang!
Und die Phantasie webt unverwehret
Mit ernstem Rechte der Götter,
Und du, o goldene Aphrodite,
Und du, heiliger Homer,
Ihr beherrscht und behauptet
Nun wieder und ewig
Die selige Welt."

Völker sind der Völker
Todtengräber,
Und sie verschütten
In heiliger Wuth
Ungeahnete Schätze,
Begraben zugleich
Das süßeste Leben!

Doch nicht das geringste
Schöne und Gute
Der vorigen Tage,
Geschweige Gesang und Schönheit
Sei je verloren,
Sondern dem Neuen
Zum Bessern verschmolzen,
Bleib' es im Kreise der Völker
Dem immer reicheren Leben zum Schmuck!

Verehrung macht groß!
Den Verehrer gleich dem Verehrten,
Und Feier der Schönheit
Macht die Seele dir schön.

Hoch und herrlich
In ruhiger Majestät
Stehst du, o Schönheit,
Ueber der Trunkenen funkelnden Augen,
Unnahbar, unerreichlich
Dem Lüsternen!
Unumarmbar,
Wie niemand vermag
Seinen eigenen Schatten
Mit Füßen zu treten.
So lang' er von dir begehrt,
Nicht dich, dich nicht selbst,
Bist du seine Beherrscherin, Quälerin!

Nur der reinen Liebe
Bist du erreichlich,
Himmlische Schönheit,
Und der Liebende wird dein Genoß,
Dein sanfter Gebieter!
Du senkest dich tief ihm
In Herz und in Auge
Tiefer als in die ruhige Quelle
Goldenes Mondlicht.

Im Himmel und auf Erden
Belohnst du am höchsten,
Göttliche Schönheit,
Unaussprechlich höher
Als nur mit Königskronen
Und Götterthronen;

Denn du, du bist selbst
Durch dich allein
Der höchste Lohn!

Aber mir, schöne Maske,
Verbirgst du dich nicht —
Schönheit, du bist ein Geist, wie die Liebe —
Ja, wer bist du anders
Als die ewige Liebe,
Zum Staunen, zur Freude
Der Menschen erscheinend,
Die höchste Lieblichkeit,
Als höchste Schönheit.

Du thronest droben
Mit dem heiligen Salbhorn
Und spendest Reiz und Pracht
Ueber Himmel und Erde,
Alles Lebendige, alles Vergängliche
Unsterblich zu scheinen wie du!
Ueber die Morgenwolken
Streuest du Purpur und Gold,
Ueber die Frühlingsthäler
Duft und Schmelz und ein Grünes,
Zarte Rosenknospen
Ueber die Fichtenwälder!
Blumen bis zu der höchsten Alp
Hinauf! Bis hinab
In die Zaubergärten des Meeresgrundes,
Schmückst mit Smaragd und Silber

Drunten die Weiber und Kinder
Der Stummen des Wassers!
Schmückst noch dem Käfer die Braut
In der Erde mit goldnen Ringen!

Daß auch noch da,
Wo kein Auge hindringt
Du selbst dich selber
Schauest, den Abglanz deiner;
Daß Alles, worin du liebest und lebst,
Seinen heitern Augenblick
Dir gleiche an Schönheit,
Selig wie du!

Gedruckt bei Julius Sittenfeld in Berlin.

FSC
www.fsc.org
MIX
Papier | Fördert
gute Waldnutzung
FSC® C083411

Kolibri 360 GmbH
Ferdinand-Jühlke-Straße 7
99095 Erfurt, Deutschland
produktsicherheit@kolibri360.de